当整理师来敲门

改变45个家庭的整理故事

留存道 组织编写

卞栎淳 主编

中国三峡出版传媒

中国三峡出版社

图书在版编目（CIP）数据

当整理师来敲门：改变 45 个家庭的整理故事 / 卞栎淳
主编 . — 北京：中国三峡出版社，2021.10（2022.11 重印）
ISBN 978-7-5206-0204-4

Ⅰ . ①当… Ⅱ . ①卞… Ⅲ . ①家庭生活—基本知识
Ⅳ . ① TS976.3

中国版本图书馆 CIP 数据核字（2021）第 182793 号

责任编辑：于军琴

中国三峡出版社出版发行
（北京市通州区新华北街 156 号 101100）
电话：（010）57082645 57082577
http://media. ctg. com. cn

北京中科印刷有限公司印刷 新华书店经销
2021 年 10 月第 1 版 2022 年 11 月第 4 次印刷
开本：710 毫米 ×1000 毫米 1/16 印张：15.5
字数：290 千字
ISBN 978-7-5206-0204-4 定价：69.80 元

让整理收纳成为一种新的生活方式

2010 年，我接到了中国整理行业的第一单付费服务。当时我是一名因为身体受伤而断送了职业生涯的舞蹈老师，也就因此转行做了形象设计工作。我清楚地记得，那个客户仅衣帽间就 300 平方米，大概有 3 万多件衣服，当时没有人能解决她衣物收纳的苦恼。就因为这一单服务，我赚到了入行的第一桶金——10 万块钱，也就是从那个时候起，我看到了这个行业的商机。之后通过客户的不断介绍，我的整理服务从最开始的衣橱整理，逐渐发展为厨房整理、儿童房整理、书房整理以及家庭的全屋整理。

通过大量的上门服务，我发现很多中国人都"念旧"，有着保留老物件的习惯，并且传承了"节俭"的品质，导致物多且乱，因此有了"整理"的需求。在这样的契机下，我提出了"留存道"的整理理念，这是一种更适合中国人的整理术。

何为留存道？

"留"：慎弃、慎舍、慎扔，不浪费已存在的东西，对其合理利用，有效归纳。

"存"：安置好存放在家里的闲置之物，物品并无新旧之分，买来入室，即为所需；存储得当，即为所用。培养审美，减少浪费。

"道"：将对物品的厌弃转为翻新的归纳与利用，让身心时刻处于满足、新鲜以及无限创意的空间里，这是一种新的生活理念，新的时尚之"道"。

2017年后，全国的整理业务量增加，从业人员越来越多，目前中国整理收纳行业已经进入整理服务商业化的飞速发展期。我们又在"留存道"的基础上总结了"空间折叠术"的"四大维度"和"四项心法"，让整理的方法论更有体系，也更通用。

整理收纳解决的是"人、物品、空间"三者之间的关系，其中空间是最简单可控的。因此，更适合中国家庭的整理理念是先从空间入手，思考已有的储物空间是否能够满足当下的储物需求，再用空间容量来限制人的欲望、控制物品的数量。

利用"空间折叠术"的"四个维度"和"四项心法"进行规划和改造，不仅能留存更多物品，还能实现更多的储物功能，让你不必断舍离也能过上整洁有序的生活！这也是"留存道"所传递的理念——留得住、存得下、用得到。真正好的整理是为了以后不再整理。通过这种方式整理后的空间，不会再次复乱。

本书通过45个家庭的整理故事，详细讲述了如何将不理想的空间格局，通过重新规划和改造，实现扩容30%~50%，同时给每一件物品找到一个属于自己的"家"。每一个整理案例都代表了一部分家庭的空间问题，也给出了"治疗方法"。本书不仅是整理师的工具书，也是整理爱好者学习借鉴的启蒙书。

通过阅读此书，或许你会发现，整理师除了可以治愈空间，还可以治愈人际关系，整理的根本除了技巧，更重要的是爱。希望你可以带着这样的初心学习空间折叠术，让每个角落都充满整洁与爱心。

卞栎淳

2021年9月

目录

第一章

你不知道的"空间魔法"

CHAPTER 1

当整理师来敲门
改变 45 个家庭的整理故事

每个人都离不开家，也或多或少都会谈论自己的家，家是个绕不开的话题，而家正是整理师们每天工作的地方。他们穿梭在全国各地不同年龄、不同性别、不同职业的客户家里，通过他们一双双具有"魔法"的手，让家充满光、充满爱、充满无限生机。

在你心中，"家"是什么样子的呢？也许，你理想中的家是舒适整洁的，是窗明几净的，是"脱下战袍"后可以休憩的地方。

但实际上，你的家是不是这样？也许整体看上去还算整洁，打开衣柜看着也不错，但如果问你，右边柜子里放的是什么？你可能会一脸疑惑，啊，好久没打开了，不知道。

如果要求你迅速找到某件衣服，好像也办不到，需要大费周折，翻几遍才能找到。可是原来的空间和区域已经被翻乱了，翻得好累又不想叠回去，好吧，先大概塞回去吧。

还有，一进门是不是有一堆鞋，拖鞋、前天穿的运动鞋、昨天穿的高跟鞋，还有没拆的快递盒，都散落在进门处，需要用脚"踢"出一条路才能进家门。梳妆台上摆满了化妆品，而你每天用的就那么几样，买了一些收纳盒，但里面好像积了不少灰。"618""双十一"又来啦，优惠力度好大啊，好想买呀，不过家里好像真的没有地方放了。现在家里到底都有什么化妆品以及有多少不太清楚，有哪些已经过期了也不太清楚。这些是不是你的真实写照？

针对上面说的这些问题，你可能会经历：

1. 觉得家里东西太多了；

2. 难以决断物品的去留；

3. 动手将筛选过的物品放入已有的空间内；

4. 心情感到舒畅；

5. 遇到心爱的物品会继续买，抵不住各种网购平台的促销活动；

6. 家里又变得凌乱；

7. 不断重复1~6或者直接选择过凌乱的、将就的生活。

当然有人一定会说，我家挺干净的，没这么夸张。那么就来测试一下，你的整理收纳段位到底属于哪种？

青铜收纳：青铜收纳的精髓是"眼不见为净"，只要把物品放到看不见的地方，收纳就算结束了。至于柜子里面什么样，衣物是否会缠在一起，特殊材质的物品是否会被压坏，完全不是青铜收纳考虑的事情。藏起来就好了！

（屋子只是看起来整齐，柜门、抽屉一打开，立马打回原形）

白银收纳：白银收纳的精髓是"炫技为王"，3秒钟可以折T恤，比柜姐还专业。

（叠衣一小时，复乱一秒钟，码放得再整齐，一抽就乱）

黄金收纳：黄金收纳提倡极简生活，理念就是，家里乱都是因为东西太多了，断舍离才是王道，只要扔就行了。

（用扔东西来换取空间，但扔东西一时爽，并不会一直扔一直爽，等要用时，又需要重复购买）

钻石收纳：钻石收纳的精髓是认真学习各种收纳技巧，追求将物品摆放得整整齐齐，追求"强迫症"式的收纳视觉效果。

（看起来既整齐又治愈，但空间规划和收纳方式不合理，需要很高的维护成本）

王者收纳：王者收纳与上述几种收纳都不一样，不会扔东西，也没有先去折衣服，而是大致浏览一下物品数量，然后开始查看柜体的内部结构，之后竟然掏出了电钻，通过简单几步，柜体的内部格局就发生了变化，那些原本摊在沙发上的衣服竟然全部放进衣柜里了，而且还空出30%的空间。

（东西一下就能找到，乱一点也可以很快复原，维护成本很低，生活幸福感直线上升）

随着现代生活方式的变化，人们每年对物品的需求和使用品类有所不同，东西越买越多、越攒越多。结婚以后家庭成员会发生变化，孩子出生，加上照看孩子的老人或者阿姨，物品的品类越来越多；中国的传统美德是勤俭节约不浪费，父母那一代认为物品没有坏就不能扔，导致物品数量越来越多。

所以，根本原因并不是你懒，也不是因为你不会收纳，更不是因为你爱消费，而是因为很多家庭的储物空间内部格局不合理，为了将就利用这个不合理的储物空间，购买各种花哨的整理用品，比如鱼骨架、蜂窝收纳格、真空收纳袋等，而过一段时间发现买来的整理用品也成了闲置物品。更夸张的是，还要为这些闲置的收纳用品腾出放置空间，付出昂贵的空间成本。

在原本错误的空间格局里做整理收纳，如果不去改正，就会一直杂乱。空间格局不合理，会造成空间浪费，买再多的收纳用品也无法解决反复收拾反复乱的问题。

当然，这些问题不是我们造成的。我们甚至不知道，家里的空间设计很多都是不合理的。我们的父母、祖父母及以前很多代人都没遇到过这样的问题。我们是第一代，遇到物质和经济发生翻天覆地变化的第一代，而家的空间格局几乎从入住以后就没有做过改变。物品的极大丰富和家庭储物空间的相对静止，造就了杂乱无章、无序的居住状态。

如果你的储物空间有问题，那就一起来探究是哪里出了问题，该怎么改正，一起溯源找错，梳理正确的解决方法。只要给家里的储物空间稍做一点改造，就能让空间扩容30%~50%，同时给每一件物品找到一个属于自己的"家"，所有物品就可以轻松"找得到、看得见、用得上、放得下"。知错就改，不再将就，才能给你的家带来全新面貌。

想要成为王者收纳吗？那就先认识一下家庭空间的整理收纳顺序吧！

整理收纳的顺序

普通人在整理收纳时先关注人。我是谁？我家里有哪些成员？我们需要哪些物品？根据人的需求来取舍物品，然后把取舍过的物品放到相应的空间中。那么，这个思考的顺序合理吗？分析一下"人、物品、空间"这三者之间的关系。首先看人，一方面人是有情感又容易变化的；另一方面，人的情感会影响对物品的取舍，很可能从开始就牵制了整理的进度。其次看物品，物品没有情感，变化却非常多，它的款式多、种类多、颜色多、使用方法多，确定可以让一个思想复杂的人去筛选种类繁多的物品并马上做出决断吗？最后看空间，没有情感且变化又非常少的就是"空间"，装衣服的是衣柜、装鞋的是鞋柜、装锅碗瓢盆的是橱柜，这些家具样式没有太大差别。

结论就是，"人、物品、空间"这三者中最简单的就是空间了。

更适合中国家庭的整理方式是先从空间着手，观察已有的储物空间是否能够满足当下物品的储物需求。如果储物空间小，就换个大的；如果储物空间够大，就考虑内部格局的合理性，调整不合理的内部结构，再运用合理的收纳方法，让原本放不下的物品能够轻松放进去，最后用人的使用感受来检验物品与人的关系。这样的整理顺序会让后期的维护变得简单。

整理收纳的四个空间维度

家的空间就像多元的内核，是家庭生活运转不可缺少的一部分。人在不同阶段对家庭空间功能的需求有所不同。如何在有限的空间发挥无限的作用，是空间管理最应考虑的因素。它们就像俄罗斯套娃，一层套一层，缺一不可，在任何时间思考家庭空间的使用都跳不过以下四个维度——第一维度"盒子"，第二维度"柜子"，第三维度"屋子"，第四维度"房子"。

空间规划的逻辑顺序，需要根据自己的实际情况来看适合从第几维度开始考虑。

第四维度——房子

这个维度适合即将装修的房子或者需要改造的旧房，装修格局、修改墙体、改水改电等都是这个阶段应该思考的。如果这个维度没有规划好，那么这所房子在未来的生活中凌乱是必然的，其他几个维度的规划也会受到影响。对于"第四维度——房子"的思考，必须想好下面3个需求。

第四维度【房子】

1. 必要需求：一定是非要不可的东西，必须知道自己为什么选择它作为必要需求。

2. 次要需求：有些需求能实现最好，不能实现也能生活，如果实现不了，一定要想想还可以怎么解决，找一个备选方案，否则遗留下来的都是难题。

3. 其他需求：锦上添花的梦想需求，没有也没关系，完全不影响生活。

看看图中的卧室，集睡觉、书籍收纳、工作、阅读、写作、绘画、衣服收纳、饰品收纳、衣服熨烫、弹琴、直播、拍照、游戏为一体。在装修阶段，就已经为这个空间做了明确的规划，不但最大限度地实现了空间的利用率，而且降低了后期改进和完善的成本，是不是觉得性价比很高呢？

第三维度——屋子

在整个房子里，每个屋子都有其相应的功能。在不同的屋子里，有不同的生活场景，诠释着家庭成员在不同空间下的不同状态。但是，很多家庭的居住面积无法为每个成员提供属于自己的空间，空间没有边界就导致家庭矛盾频发，家庭成员间互相推诿责任。这个维度就是根据家庭实际情况，提前规划家庭成员的独立空间和公共空间，让家庭的空间边界更清晰，让家庭成员的生活更自在。

第三维度【屋子】

第二维度——柜子

屋子是家庭成员空间的边界，而柜子是物品数量的边界。每个柜子的空间容量是有限的，在有限的空间里放置超出空间容量的物品，凌乱是必然的。人们往往关注的是柜子的造型与颜色，但最需要注意的是柜子的内部格局，每件物品有其相应的尺寸，要按需规划柜子的内部格局，使柜子的空间利用率最大，并给每个空间的物品数量制订一个合理的边界。后面会详细介绍如何运用"四项心法"，规划和改造储物空间，彻底解决家庭凌乱的问题。

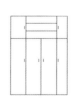

第二维度【柜子】

第一维度——盒子

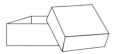
第一维度【盒子】

众所周知，光有柜子是无法满足家庭整理收纳需求的。把一堆东西都堆放到柜子里，使用的时候便需要不停地翻找，很麻烦，这时候盒子可以起关键性的作用。

接下来通过大量案例，讲解从玄关、客厅、厨房、餐厅、卧室、儿童房、卫生间、书房、储物间，到衣柜、化妆台、饰品柜、书桌等各个需要收纳的空间，解读如何合理地运用收纳方法，让所有东西一目了然且方便取用，见证"空间魔法"的神奇。

房子、屋子、柜子、盒子，层层递进，是一个完整的生活体，是家庭空间规划的正确逻辑顺序。下面的表格可以让大家更清晰地了解自己所处的时间阶梯，根据不同的时间阶梯选择相应的维度，依次向下思考。

维度	重新装修 （毛坯房、二手房、旧房）	装修改造 （精装、已装好）	功能变化 （成员变化、功能升级）	整理收纳 （成员固定、品质升级）
第四维度（房子）	↓		↓	
第三维度（屋子）		↓		
第二维度（柜子）				↓
第一维度（盒子）				

如果你的家要重新装修，无论是毛坯房、二手房还是旧房翻新装修，都需要从最复杂的第四维度向下思考。关于第四维度，你要先允分了解自己的需求，再与设计师沟通如何通过墙体格局变化、改水改电等方式来一一实现它。这里有个八字箴言可以记住，"量化需求，适当取舍"，只有先量化自己的需求，才能够合理地思考，根据需求的优先级做出理性的取舍。

如果刚刚购买了精装房，或者装修好还未入住，已经不能再改动墙体格局，就需要从第三个维度向下思考，考虑每个屋子的功能以及每个屋子的功能如何规划。如果已经居住，但因为家里有了宝宝或者老人来一起居住，出现人口增减等家庭成员变化的情况，需要进行功能升级，也需要从第三个维度向下思考。

如果家庭成员已经固定，几年内不会发生新的变化或者变化不大，仅需要提升生活品质，只需要从第二维度向下思考即可。

空间折叠，拥有多功能的百变之家

通过下面的表格，进一步解析第三维度"屋子"的规划。这里介绍一个关于空间规划方面的"超高性价比"方法：空间折叠。学会空间折叠，即使是小房子，也可以拥有多个功能区。如何进行空间折叠呢？需要通过四个方面对每个屋子进行定位，对功能需求进行量化。

干啥？——功能定位

有啥？——物品盘点

谁用？——使用习惯

怎么用？——使用频次

通过下面的表格，梳理一下自己在玄关、客厅、厨房、餐厅、卧室、儿童房、卫生间、书房、储物间等屋子中必要的基础功能需求、对应的物品、使用者和使用频次。将全部基础需求填写完毕后，再进行取舍或折叠。

以下页图中的卫生间为例，存放日化用品的地方，家中除了卫生间没有其他地方可以规划，又因为家人非常喜欢泡澡，所以除了马桶、浴室柜和淋浴房，还必须在卫生间安置下墙／镜柜和浴缸才行。因为使用频率很高，都难以舍弃。如果卫生间的空间较小，那么可以将厕纸和清洁工具类的囤货需求折叠在其他储物空间。如果你特别喜欢泡澡，卫生间的面积又比较局促，甚至可以把浴缸折叠在阳台区域。

　　由图可以看出，这就是先明确需求，再做规划的好处，而不是进到一个房间，看哪里"适合"放什么柜子。

功能定位（干啥）	如厕	洗脸	淋浴	泡澡	护肤化妆	清洁工具
物品盘点（有啥）	马桶	浴室柜	淋浴房	浴缸	镜柜	墙体或边柜
使用习惯（谁用）	全家人	全家人	全家人	全家人	女主	女主
使用频次（怎么用）	每天 n 次	每天 2 次	每天 1~2 次	每周 1 次	每天 2 次	每天 n 次

　　再如，如果卧室够大，则可以考虑把梳妆功能折叠在卧室区域，设置一个独立的化妆台。反之可以将梳妆功能折叠在卫生间或者其他区域。又如，家里没有书房，可以考虑把书柜折叠在卧室或者客厅区域，把书桌和餐桌折叠在一起，用一张长桌替代。

　　下面这个案例是某个北漂的居住空间。89 平方米的两室一厅，三代同堂，奶奶住一个房间，年轻夫妇和 2 岁的儿子住一个房间，客厅边界模糊。因为北京没有亲戚，平时到家里做客的人非常少，所以客厅并没有起到会客的作用。因为没有独立的儿童房，所以孩子暂时在客厅玩耍。

　　结合这个家庭的实际情况，可以运用空间折叠法，将儿童书籍收纳、儿童玩具收纳、儿童玩耍、看电视等功能综合折叠在客厅中，给孩子创造一个属于自己的独立空间，让孩子在成长的过程中拥有被尊重的安全感，通过软装陈列，给孩子创造一个具有审美力的小世界。调整地垫和懒人沙发的方向，全家人就可以在这个空间一起看电视了。这个案例有没有从"屋子"规划的维度给你一些空间折叠的思路呢？

接下来，再通过"四项心法"，合理规划和改造储物空间，迅速提升你的收纳段位。

"四项心法"帮你搞定空间改造

心法一 收纳用品加减法

增加不伤衣服又节省空间的超薄植绒衣架、百纳箱、收纳盒等工具，去掉伤衣服又占空间的收纳用品、各种鸡肋的"收纳神器"。

这里有一个衣帽间的收纳案例。对很多人来说，拥有一个独立的衣帽间是件非常奢侈的事。但是，即使储物空间格局相对合理，如果利用不好，照样会一团糟。通过使用收纳

用品加减法，去掉多余的小型收纳盒和千奇百怪的衣架，换上超薄不伤衣服的植绒衣架、百纳箱、布艺拉篮三种收纳用品，把不常用的换季衣物收纳在百纳箱里，放在柜子的最上方，再利用植绒衣架增加挂衣量，并且按照衣服的款式进行陈列。短衣区的下方也可以利用起来，用布艺拉篮收纳家居服。整理以后，整个空间没有一点浪费，甚至还有了空余，做到了储物空间的最大化利用。

再看下面这个厨房的收纳案例，没有大的格局改动，仅使用了尺寸合适、款式统一的收纳筐，就足以让空间扩容。

心法二　配件加减法

增加更加合理的收纳配件。想在不改变衣柜柜体的情况下扩容，秘籍就是安装尺寸合适的衣杆，增加挂衣区，去掉占空间又放不了几条裤子的裤架、各种金属拉篮等不合理的柜体配件。

下面图中的案例是将不好用的裤架、拉篮去掉，加上衣杆，衣服全部挂起来，一目了然，再也不用堆在衣柜里了。

下面这一组衣柜的变化也非常明显。原先在鸡肋的多宝格和裤架的缝隙里塞满衣服，根本没有起到理想中的收纳作用。拆掉这些配件后，改成挂衣区。结合收纳用品加减法，去掉塑料收纳抽屉，换上百纳箱，上方储物区得到充分利用，原本被占据的挂衣区也得到了释放。

心法三　层板加减法

　　层板在衣柜和鞋柜里出现的概率比较高，在物品高度比较矮而层板之间的高度又很大的情况下，可以增加层板，减少空间浪费。

　　下面这个柜子的左边原本是预留出来挂外套的，结果沦为了杂物堆放区，造成空间浪费。大量的鞋因为层板区不够，无法全部摆出来。虽然也曾尝试使用伸缩层板，却将柜体

撑到变形。对柜体进行改造时，增加了十几块层板，最终不仅将所有鞋摆了出来，还承担了部分公共杂物存储的功能，而且还多出很多空间，给未来要买的鞋预留了位置。

下面是一个层板减法的例子。衣柜中的层板区原本堆满了衣服，不仅从视觉上看起来凌乱，而且使用起来也不方便。拆掉层板，增加衣杆，再配合配件加减法，拆掉裤架和多宝格，只保留必要的抽屉，不仅可以将衣服全部挂出来，而且上方三个短衣区挂上衣，下方挂裤子，分区清晰，容易归位。

心法四　柜体加减法

在前三种方法都试过且物品依然放不下的时候，可以根据家中面积，更换更大的柜体，或者引进新柜体，一步到位收纳物品。

下面是一个客厅儿童区的整理案例。即使再大的客厅，如果没有柜体来收纳玩具，也会是一片狼藉，可以增加儿童玩具收纳柜，再配上布艺拉篮，所有玩具都可以做到分类收纳，孩子自己就可以管理玩具了。

同样还是儿童区的整理收纳。下面这个案例是柜体的减法和加法同时进行的。"减掉"已经完全不能满足现阶段需求的儿童储物柜，换上功能更强大、规划更合理的儿童柜。对于已经渐渐长大的孩子来说，需要有更多的空间来收纳书籍，玩具从随手可取变为柜体内隐藏收纳，拿取频率降低，更符合孩子当前阶段的成长需求。

整理前　　　　　　　　　　　　　　　整理后

四个"加减法"从前到后，正是"青铜收纳"到"王者收纳"的升级步骤。

整理收纳是一把爱的钥匙

我们为了把家整理好，学习了很多整理方法，但是好的整理并不是技巧，而是爱。

没错，就是对家的爱，对家人的爱，以及对自己的爱。带着爱去掌握一些整理方法，就会考虑家里人的使用习惯，找到适合自己家庭的整理方式。所以，整理是爱、整理是理解、整理是互相为对方考虑。

你和家人的关系好吗？你的家人会帮你收拾东西吗？你会帮家人收拾东西吗？找不到东西的时候会相互指责、抱怨、找借口吗？

刘女士一家为了读高一的儿子上学方便，全家从120多平方米的大户型房子里换到70平方米的老小区房子里。由于居住空间发生了逆增长，面积由大变小，使得搬家整理的难度很大。刘女士的儿子明确禁止别人进自己的房间。刘女士自己的理解是，孩子到了青春期，可能想拥有自己的私人空间。其实根本原因是，每次刘女士收拾完儿子的卧室，他就找不到需要用的书，找不到需要做的试卷，而且问妈妈时她总是想不起来，几次之后，孩子索性禁止妈妈进入卧室。其实，孩子只是期待有个干净整洁的环境，只是他的妈妈没有掌握正确的方法。在这种情况下，如果把孩子的教辅资料和试卷按照科目和时间的维度进行分类和排序，并贴上对应的标签，就可以保证任何科目的任何资料在1分钟内找到。

是的，整理是一把钥匙，是打开家人之间封闭心门的钥匙。整理不仅是整理物品本身，而是梳理关系，从根本上改善家庭成员之间的关系。我们平时在与朋友或者同事相处时，会保持彼此的独立性，说话做事也更有界限感，往往回到家中就忘了亲密的家人之间同样需要界限感。

不论我们处在人生的哪个阶段，也不论我们住的房子是租的还是买的，生活都是自己的，都可以通过一点改变和行动，用适合自己家庭的整理方法，让彼此的关系更自在有度，更有界限感，让人、物品、空间和谐地相处。

生活只有一个操盘手，就是我们自己。

第二章

走进"收纳女王"的家

CHAPTER 2

当整理师来敲门
改变 45 个家庭的整理故事

收纳女王卞栎淳的家非常有艺术气息，每一个装饰品都带有一段旅行故事，每一幅画都有她创作的思绪，大胆的配色更加彰显她对生活饱满的热爱。据说梵高的《鸢尾花》《插在瓶中的鸢尾花》《夜间咖啡馆》这些名画也出现在卞老师家中，那么来一探究竟吧。

家的骨架

每个人对"家"的样貌或多或少都有自己的想象，装修前的构想就是让你把自己的每一个想象尽量具体化。越具体，实现的可能性就越高，超出预算的可能性就越小；越笼统，后期的麻烦会越多，超出预算的费用也会更高。你可以先为"家"搭建一个"骨架"，可以用文字的形式表述，也可以用简笔画的方式表达。方式不局限，重点在于构想的过程，而这个过程也是你认清自己的过程。你在构想的过程中，一定会面临选择的痛苦，每一次抉择都会让你直面自己的感受，会逐渐清楚地认识自己的需求。当你清楚地了解了自己之后，再通过装修展现出来，那这个家就是你思想的表达。

卞老师经过深思熟虑，罗列出了家中无论如何一定要实现的几块内容。

1. 卫生间内一定要同时拥有浴缸和淋浴房
2. 卫生间内一定要拥有超大储物镜柜
3. 一定要有独立衣帽间
4. 厨房一定要是开放式的
5. 一定要有储物间（储放行李箱、清洁用具等生活杂物）
6. 一定要有超大玄关储物柜
7. 一定要有独立的工作区域
8. 一定要有独立书架
9. 一定要有生活阳台
10. 一定要有一张电动床

当你罗列出"一定要"的内容时，家的"主心骨"就有了。围绕着这根"主心骨"，再填充次要需求和其他需求。"主心骨"是装修时不可退让的内容，次要需求和其他需求的重要性可适当递减。当你的需求有轻重主次的层次时，再做抉择的时候就会变得轻松而不纠结，对于得到的结果也不会后悔。

"收藏家"

作为一个空间管理师，卞老师最擅长的当然是对家中物品的收纳和储藏。

了解卞老师的人都知道，她是一个非常喜欢研究服装搭配的人，因此她个人的衣、帽、鞋、发带等配饰非常多。坐拥如此多物品的人，自然需要一个容纳量超大的玄关。

A 玄关

长 4 米的玄关

玄关柜总计长 4 米，顶天立地。玄关柜里从右至左划分为鞋区、包帽区、行李箱区和杂物区、家政区。柜内层板可根据不同时期的需求进行调整。

家政区

上方是临时存放区，存放大包或疫情期间临时使用的物品。下方是日常使用的吸尘器、拖把、扫把等清扫用品。

行李箱杂物区

下方的层板放着各种行李箱。上方的收纳篮里装的是家中所有工具，如剪刀、螺丝刀、插线板等。

包帽区

偷偷告诉大家，此处存放的包居然有25个。包和帽子都是出门时用的，放在这里正好符合"收纳就近"原则，减少来回动线。包帽区的下方也有多个拉篮，里面装着出门可能会用到的物品，从左到右依次是除味剂、应急去污剂等；鞋油、皮革去污膏；脱毛器、粘毛滚、粘毛滚备用胶带；各种鞋垫；各种包带。

下层左侧是出差用的鞋包防尘袋，右侧是出差用的各种分类收纳袋。

鞋区

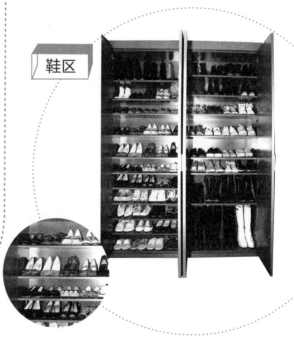

玄关处凌乱地放着一地鞋是大部分人头疼的问题，因为我们在装修时总是会低估鞋的数量。鞋柜太小，加上内部格局不合理，怎么能放下全家人的鞋呢？装修时一定要根据家里鞋的数量来定做鞋柜，但是鞋柜再大，内部尺寸设计不合理，也会造成浪费，所以定做鞋柜时，一定要注意鞋柜的尺寸：一个是鞋柜的深度，另一个是鞋柜的高度。

深度：常见的鞋柜深度为 35~45 厘米，具体的深度根据自己家玄关的大小来确定。

高度：层板和层板之间的间距，平底鞋为 15 厘米，高跟鞋为 20 厘米，靴子为 25 厘米，层板做成可调整的，放置高筒靴时，抽掉两个层板即可。

卞老师家的鞋区总共放了 90 多双鞋子，如果长筒靴再少一点的话，还能放下更多鞋。

客厅

整个客厅只有一个储藏柜，里面利用收纳篮和标签将物品明确分类。外用药品、内服药品、保健品、胶原蛋白美容液等都各自安放好。

厨房

厨房内一定要有超大的收纳柜，因为锅碗瓢盆数量多，且体积大，非常占空间，装修前一定要规划好，多做些柜体。退一万步讲：宁愿到时东西少用不上柜子（其实只会不够用），也不能让东西在外面乱放。

嵌入式电饭煲

对于散落在外的物品，只要想办法，合理地利用有限的空间，照样可以让它们各自拥有安身之处。小家电太多，如果放不下，可以增加一个层板，把烤箱上方的空间也利用起来。

值得一提的是，卞老师家的嵌入式电饭煲恐怕是全国独一份儿。

卧室

卞老师家的卧室也是大有看头的。除了有提供优质睡眠的电动床，卧室还兼具琴房、独立工作区、衣帽间等功能。

对于爱美的女生来说，超大的衣柜一定是必不可少的。衣服要遵循能挂坚决不叠的收纳原则，不够挂也要创造条件尽量把当季衣服都挂出来，这样才能省时、省力、省空间，还易维护。

琴房

衣帽间   独立工作区

卞老师把当季的衣服全部挂出来，打开衣柜一目了然，清晰可见，想选哪件随手就能拿到哪件。但衣柜大并不等于好用。一个容量大又好用的衣柜其实不用复杂的设计与五金配件，只需要有两个功能区就可以，即上方储物区和下方陈列区，上方储物区的层板到地面的高度为 2 米，2 米以上即为储物区。最好用、最能装的衣柜尺寸为：

衣柜单门的宽度为 70~90 厘米，深度为 55~60 厘米

陈列区分为长衣区、中长衣区、短衣区、抽屉区，陈列当季衣物，还可以根据个人的衣服款式自行配置分区。如果到脚踝的长裙居多，建议长衣区可以多增加一些；男士一般以短衣居多，可以设置多个短衣区。这些都可以随时调整衣杆位置，或者根据自己的爱好来调整衣柜陈列区的格局。

　　　　　建议长衣区的高度为 1.3~1.5 米；中长衣区的高度为 1.1~1.2 米；

　　　　　短衣区中间不加层板，上下均分两层就可以；

　　　　　抽屉区如果是三层就是每层 30 厘米，如果是四层就是每层 20 厘米

其实光有衣柜是不够的，生活中人们的小件物品非常多，这时能有个五斗柜（甚至八斗柜、十斗柜）最好了。最重要的是，斗柜的特点是分区细致，利于物品分类存放，更利于保持个人卫生。

袜子

　　五斗柜的每个抽屉内，可以利用分隔盒把小件物品区分开。饰品区域还可以用自封袋放置每个饰品，防止氧化。

眼镜

饰品

发带

卫生间

卫生间因为潮气重，非常容易滋生细菌，同时也是容易脏乱的区域，所以一定要有合理的柜体布置才能避免凌乱和卫生方面的问题。

想要卫生间整洁，
必须合理地利用立面空间

从俯视的角度明显可以感受到这个卫浴柜的特点——柜体很薄，不占太多空间。把狭小的卫生间的立面空间进行充分利用，可使卫生间的储物能力倍增。

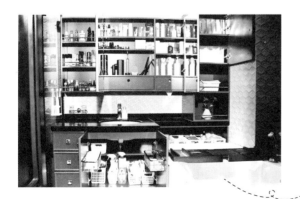

这套柜体是卞老师根据日常居家习惯，结合空间收纳、卫生、安全隐患等需求，专门定制的。恰到好处的尺寸，不浪费一寸空间的格局，让各种电动产品、电源线有了容身之处，满足卫生间集收纳与美观为一体的要求。

1. 隐藏的电线盒

不仅视觉舒适，还解决了电子产品越来越多，但是需要收纳电源线的痛点，更重要的是减少了安全隐患。

2. 隐藏的抽纸盒

防止灰尘和水渍附着，还能节省台面的空间，使台面更加整洁好打理。

3. 立面格局的设置

与卫生间收纳物品的尺寸匹配，可以收纳化妆品、护肤品、美容美发小家电等各种物品。而且对于近视的人来说，适合的厚度可以避免在化妆的时候把脖子伸得很长。

台面下方的柜体增设了一个层板，大大增加了储物量，卫生间的所有清洁用品都可放置此处。

跟着名画学配色

看过卞老师家的人都会被她家独特的风格所震动。大胆的配色让人惊叹，却不显得混乱，这跟她喜欢画画是分不开的。那么对于平常不太接触艺术的朋友来说，直接就使用"大胆"的配色可能会导致效果适得其反。其实可以在装修前多看看画作，在艺术品上找找灵感。

可以提取画中的颜色，但颜色的取量是重中之重，最好向专业的设计师请教色彩运用的比例。只要用心，你也能拥有一间像艺术馆一样的家。

梵高《夜间咖啡馆》

梵高《鸢尾花》

布歇《德·蓬帕杜尔夫人》

梵高《插在瓶中的鸢尾花》

少女情怀总是诗

　　和卞老师相处过的人都能感受到，她是一个内心世界极其丰富，具有少女心的人。她家中细微处的摆件正好印证了这点。卞老师家的墙上挂了 7 幅画，画架上摆了 1 幅，地上放了 4 幅，家中摆出来的画作都是她亲手完成的。下面看看她最喜欢的 3 幅。

1

《自画像》

　　这是卞老师根据自己在迪拜时的一张照片画的。照片中的她笑容特别好看，画的时候却总是找不到那种开心的感觉，怎么都画不好。这幅画的人物比例不对，但她没有再修改，因为这让她看到了真实的自己。生活不是一成不变的，不是永远一帆风顺的，如果不能接纳自己的不足就永远无法前进。她在画中把原本笑容满面的眼睛蒙了起来。她把这幅画挂在了床边，时刻提醒自己，用心去看世界，才能找到真相。

2

　　这幅画是她心情非常好的时候画的，用的是刮刀的手法，画出了厚重的肌理效果。当时想法很简单，就是想让自己像太阳花一样炙热地活着，追寻绽放的一生。她总去摸一摸这幅画的肌理，它们凹凸不平的触感就像人生，过程不重要，重要的是远看这幅画时的那份阳光照射的感觉。

《太阳花》

《撕开黑暗的一角》

　　台面上这幅画叫《撕开黑暗的一角》，最开始并不是现在这样的。之前有蓝天、白云、大树、大海，但画到一半时，突然发生了一件让她心情很不好的事，当下她就想把画毁掉。可发泄到一半时，脑中又蹦出一个想法，"就这样被一件事打倒了？如果自己的世界都被黑暗吞噬了，自己还能存在么？"最终她把这幅画留了下来，保留了一个角落。每当她心情不好的时候，只要看到这幅画，就会提醒自己不要被负能量打败，哪怕只剩一处光明，也要从光明处把黑暗撕开。

3

童趣

毕加索曾经说："我在小时候已经画得像大师拉斐尔一样，但我花了一生的时间去学习如何像小孩子一样作画。"长大后发现最难的事就是已是成人却依旧可以像孩童般创作。

看到卞老师家这个充满童趣的角落，也许整颗心都要融化了，家中怎么会有这么温柔的一角呢。

如果你也有童心，那请你一定要用不将就的态度去保护它、珍惜它、爱护它。

一个人的家，承载着她的经历，记录着她的失落，也存放着她的美好，再忙碌也不能失去对生活的用心和热爱。

对于喜欢简约风格的人来说，卞老师的家可能过于"丰盛"了，喜"清淡"的人肯定不大好"消化"。但不管你我的喜好有什么不同，我们都能互相欣赏彼此认真生活的模样。

彩蛋

卞老师家中的很多装饰品除了有她闲暇时画的画，还有些小摆件，是她旅游时淘的物品，有些是纪念品，看着很贵其实价格优惠，比如下面这个台面上的10件物品。

1. 中印舞蹈交流纪念花瓶，印度手工花瓶（0元）+ 某宝淘的彩色鸵鸟毛（28元一支，
   共112元）
2. 网上买的温度湿度仪（60元）
3. 在马来西亚跳蚤市场淘来的德国原装古董钟表（50元）
4. 某宝淘的摆件（239元）
5. 泰国带回的烛台三件套（54元）
6. 女儿送的手工猫摆件（28元）
7. 某宝淘的纯铜复古台灯（308元）
8. 原创画《撕开黑暗的一角》（自己的画作，无价）
9. 泰国清迈地摊淘的刺绣桌旗（60元）
10. 某宝买的彩绘边柜（3280元）

东西的价值在于你和它建立的某种带有情感色彩的联系，而不仅仅是这些数字。

第三章

小户型也可以有大空间

CHAPTER 3

28 平方米，

整理后升级为单身样板间

案例来了

房屋面积
28 平方米

户型
一室一卫一阳台

家庭成员
单人

改造区域
全屋

史女士住的房子是租来的。这个出租房是某个品牌的单身公寓，配置了一些基础家具。她想长租，于是自己购买了一些书架和收纳架。公寓提供了一个 0.9 米宽的小衣柜，不够用，她又置办了一个 0.8 米宽的简易晾衣架。史女士说："房子虽然是租的，但我不想将就着过，既然在这里生活，就希望一切都是舒舒服服的。"

凌乱原因

1. 衣物量很大，没有对衣物进行四季区分。
2. 收纳盒大小不一，且不可视，放了不少衣服、包、小件衣物，不易拿取。
3. 布局不合理，比如玄关处放置着杂物柜和鞋柜，导致过道非常狭窄，不方便进出。

解决方案

1. 收纳用品加减法：用植绒衣架替换五花八门的衣架，将衣物进行四季分类，根据现有的陈列空间，优先悬挂当季衣物，将换季衣物收纳起来。
2. 将收纳盒里面的物品解放出来，与其他物品同类合并，只留下合适的收纳盒继续使用。
3. 对布局进行微调整，可使原有活动空间扩大 1 平方米。

整理前

整理前

衣柜

衣柜比较简单，只有一个储藏区和一个挂衣区。层板上（储藏区）堆满了收纳盒和包，挂衣区下方也堆放了不少收纳盒，但从这些收纳盒外面根本看不到里面放的是什么东西。每次找想穿的衣服时只能先挪开包，再一个一个翻看收纳盒，拿取非常不方便。很多时候我们想当然地以为买回来的"收纳神器"能帮我们搞定各种物品，似乎放在里面就可以了，殊不知这些不合理的"神器"反而会占用我们的宝贵空间，尤其是在有限的空间里。解决方法就是把衣柜里所有物品清空，对这些物品进行分类。根据自己的需求，再结合当季的气温，将冬天的厚外套和毛衣都收起来，留下常穿的薄一些的毛衣和外套，把夏季的短袖上衣和半裙也都收起来，只将剩下的衣物挂出来。当把一排衣服麻利地挂起来的时候，每次站在衣柜前就有一种赏心悦目的感觉。

整理前　整理后

卧室

卧室原来的布局是衣柜与沙发呈直角关系，衣柜旁边放着一个杂物柜，简易晾衣架则放在了另一面墙边。这样，沙发前面的空间小了很多，显得很局促。如何在沙发前腾出大块的空间呢？只要微调一下就可以了。把衣柜原地转90°，依然挨着墙，与沙发呈一条直线，把简易衣架挪过去，刚好与衣柜放在一起，然后把杂物柜放到书架旁边。这样给沙发区腾出大概1平方米，瞬间变得宽敞明亮很多。下班后，这里成了最佳休憩点；闲暇时，这里成了最佳娱乐区；休假时，这里成了与好友畅聊的美好时光区。

小小衣柜里竟然有
10种不同类型的衣架

整理前

整理后

整理后

　　不管房子是租的还是买的，当你住进去之后就产生了人、物品、空间的三维关系。在房子里，物品和空间的结合是否能够激发你的归属感取决于你怎么对待它们。对于有的人来说，房子只是一个符号而已，压根找不到归属感。有的人觉得需要再大点的房子才够住，硬是把房子住成了二维关系。但房子大了，真的如你所愿就变好了吗？不一定。有的人把房子住成了四维关系，加上了时间这个维度。如果加上"情感"，恭喜你，你把房子住成了五维关系。放慢生命的节奏，倾听内心的声音，顺应和满足自己对理想生活的渴望。没有人可以给我们想要的生活，除了自己。

　　房子是租的，生活是自己的，精致生活与金钱无关，只在于你的生活态度。

　　不是因为有了房子才有了家，而是因为有了你才有了家，不是因为富有才有高品质生活，而是因为你的不将就才造就了精品生活。

整理师来了

服务时始终秉持着一颗"从使用者的角度出发"的初心，时刻为客户着想。

炜 乐

留存道整理学院广州分院副院长

IAPO 国际整理师协会分会理事

资深空间规划师

亲子整理陪伴教练

受邀多家媒体采访

曾为明星、博主、企业家、手工达人等提供整理服务 2 5000 多平方米

受邀知名地产公司、保险公司、品牌工作室、企业、美术机构等开展线下沙龙活动和大型讲座培训

炜乐全职从事整理服务工作 3 年多，服务了超过 100 个家庭。在做整理师之前，炜乐是一名中学老师。之所以当整理师是受到当时所在学校学生宿舍的启发。她原来的单位是寄宿制学校，每个孩子都有专属的衣柜和书柜，大部分孩子（初中生）不会整理，物品经常堆成一团，然后花很多时间找东西。慢慢地她发现他们的物品状态跟家里是一样的，而且在学习用品的整理方面也很混乱，这让她明白整理应该从家庭抓起，只有家庭环境得到改善，才能让孩子做事更专注。成为整理师后，炜乐接触到的家庭越多，就越了解不同的生活态度和生活方式都有自己独特的魅力，她努力在他们原先的基础上给予帮助，让他们遇见更好的自己。

整理过后，
阳光重新洒进来

　　婷婷在柳州工作，原本与男友一起租住在一个开间里。她搬家这件事来得猝不及防，一个月前得知自己的男友有外遇，于是她连夜将自己的东西都搬了出来，一切来不及准备，只能借住在姑妈家，但这里毕竟不是可以长久居住的地方。幸好有一个朋友刚好空出了一间公寓，可以租给她，只是所有家具都需要自己准备。婷婷的需求很明确：喜欢北欧风格，希望能在现有装修的基础上尽量在家具的选择和软装上靠近北欧风格；由于衣物比较多，需要足够的空间去收纳；能满足在家办公、看书的需求。

案例来了

房屋面积
58 平方米

户型
开间

家庭成员
单人

整理范围
搬家整理 + 全屋整理

出租房原图

搬家整理后

衣柜

解决方案

1. 柜体加减法：购买尺寸合适的成品衣柜，选择带高箱的床，这样可以收纳换季被褥及衣物。

2. 收纳用品加减法：规划一个次净衣区，采购宜家的马凯帕衣架，因为上下两根衣杆可以留出足够的挂衣区，并且带有层板储物区，能够挂帽子、放鞋；将换季类的衣物收纳进百纳箱，放在衣柜上层；将被褥类放在床的高箱里；衣柜里主要悬挂当季衣物以及只适合悬挂的衣物。

3. 衣柜下方还有空间放置 PP 收纳箱。将不易皱的健身类衣物、睡衣、小件衣物折叠收纳。

整理后

空间折叠术

● 将当季衣物收纳、换季衣物储存、次净衣区全部折叠进同一区域。

客厅

解决方案

1. 增加一张小边几，可以放置经常阅读的书籍，用餐的时候还可以把边几移出来使用。

2. 考虑平时有健身的爱好，因此预留空间，可以在客厅做简单的运动。

整理后

3. 购置一个梳妆台，既可以收纳化妆品，又可以用来办公，一举两得。

4. 收纳用品加减法：化妆品及办公用品用抽屉柜收纳，并且选用带脚轮的，方便移动。

空间折叠术

● 将休闲、吃饭、健身、梳妆、办公、阅读、衣物收纳等功能全部折叠进客厅。

从家具采购到软装布置花了整整一个月时间，从 0 到 3 创造了一个婷婷想要的家，这可能是她一个多月以来最开心的一件事情。这就是一个舒适的环境给居住者带来的心灵上的治愈，甚至可以让灰暗的生活重新洒进阳光。

整理师来了

做一个
有温度的整理师！

李 妮

留存道整理学院柳州分院副院长

IAPO 国际整理师协会理事

广西首位职业整理师

为近 200 户家庭提供了整理服务

李妮在踏入整理行业之前从事过十年房地产顾问工作，因此对于空间比较敏锐。后来在建材市场做一线品牌的管理销售工作，这份工作使得她常年忙于事业，没有时间陪伴家人，而且家里总是乱糟糟的，这让她倍感疲惫。2016 年，她发现了整理师这个行业，查了很多相关信息后，决定通过学习来服务自己，从此解决了困扰她多年的问题。那一刻她才知道原来生活是可以有阳光的。做了 5 年整理师，李妮走进过很多家庭。很多人会问，你们都是怎么整理的？有怎样的顺序吗？她毫不犹豫地说，放在玄关让我脚疼的鞋，虽然好看但一次都没穿过的鞋，都要离开。如果非要留，会给一个期限。整理师不仅会把房屋收拾干净，还会把你的内心重新整理一遍。

教师之家，
生活、书与猫都不可辜负

小育和她先生都是做教育工作的，一进他们的家，让人印象最深刻的是两人的教学用具和两个大书架。他们有一个可爱乖巧的一周岁小宝贝，还有一只小猫咪。夫妻俩对教育事业的热爱和对书籍的热爱从家庭氛围中就能感觉的到。

案例来了

房屋面积
92 平方米

户型
两室两厅一厨一卫

家庭成员
三口之家和一位喵星人

衣柜

凌乱原因

1. 主卧放着的一个 2 米宽的衣柜，需放置一家三口的衣物。虽然衣物不多，但是空间略显不足，裤架区和层板区的空间没有被充分利用，柜体的结构限制了空间最大化利用。

2. 用不合理的收纳盒来存储衣物，使用起来不太方便，而且三个人的衣物混在一起，经常找不到衣服。

3. 各种款式的衣架琳琅满目，悬挂区放置了一年四季的衣物，层板区杂乱地放着毯子、压缩袋、礼盒等物品。

解决方案

1. 层板加减法、配件加减法：拆掉裤架和层板，增加挂衣杆，重新规划三人的衣物空间。增加悬挂区，把能挂的衣物都挂起来，占用的空间比折叠在层板区或者抽屉里的少，还能快速找到衣物。

2. 由于先生的正装比较多，且个子高，可将其衣服规划在左柜上方区域，西装套上透明防尘袋，便于先生能够快速找到衣物，出差时也可以直接装进箱子。

3. 左柜下方区域用来放孩子的衣服，小衣物能挂的都挂起来，抱毯、浴巾、小披风叠好放在收纳筐里，选用一个开敞式布艺收纳筐，既环保又便于拿取和收纳。常用的口水巾、汗巾放在床头柜里，使用时随时拿取。

4. 小育的衣服都放在右柜，规划好中长衣区和短衣区，毛巾、睡衣、围巾等放在抽屉里收纳。换季的衣物集中收纳在百纳箱里，统一放在右柜上方储物区。

5. 大人的内衣、袜子等小件，放置在床下的抽屉里，一人一个抽屉，做好空间区域划分，每个人找衣物时都很方便。

空间折叠术

- 拆掉裤架，去除层板，优化储物空间，将一家三口一年四季的衣物收纳功能都折叠进衣柜。

厨房

　　小育和先生都是实行极简主义的人，厨房整理主要是重新规划物品的功能区，尊重使用者的习惯，规划厨房的动线，改变物品的存放位置。整个厨房里最多的物品是小朋友的餐具，整理过程中扔掉很多碗碟，只留下日常必备物品，在视觉上和空间上给人舒适的感觉。

整理前

整理后

书房

凌乱原因

1. 书房内书籍量很大，书柜的结构也不合理，导致浪费了很多空间。
2. 全屋设置多处书籍的存放区，比如沙发后背隔板、餐厅书架，导致功能区混乱。
3. 书房内放置了不属于这个空间的物品，先生的工作室物品、猫先生的小窝等都应重新调整。

解决方案

1. 根据小育和先生的需求，书房里主要放的是教学用具和书籍，书籍按照一定规则分类，寻找起来比较方便。
2. 将教具、奖品或者课堂上发给学员的教材、板书大字报等分类整理，同类合并一起存放。
3. 所有抽屉中放置抽屉分隔盒，用来存放电子产品和文具物品。

整理前

整理后

如果很多东西需要经常翻阅，则不太适用桌面空无一物的整理收纳法则。因此在进行书桌整理时，抽屉里的物品应按照使用习惯、使用频率来收纳，主要运用的是"同类合并"原则，虽然桌面还是会留有笔、纸张、便签、电子产品等物件，但用合适的收纳盒统一收纳并贴上标签，看起来很有秩序感。

空间折叠术

- 将猫先生的区域和先生的工作室区域、书籍收纳区、教具区都折叠进书房，小育的办公区、书籍收纳区、孩子的书籍收纳区折叠进餐厅的一面墙。

次卧衣柜变为全家的储物柜和先生教具的收纳柜。用主卧衣柜多出来的PP抽屉盒，将文具、订书机、笔墨等分别装进去，贴好标签；储物区放置小育和先生的荣誉证书、纪念册、纪念品等物品。

衣柜变身前

衣柜变身后

书房整理后的一角

凌乱原因

1. 阳台放满了孩子的推车和玩具、小育的教具、家用电扇、工具等物品，种类繁多，没有分类存放，找起来很不方便。

2. 储物柜体内的层板间距不合理，空间浪费较多，需要增加层板，优化空间利用率。

3. 由于各种物品堆积在阳台，活动空间全被占据。

解决方案

1. 层板加减法：阳台储物柜增加层板，按照物品的尺寸调整层板的间距，重新规划空间功能，最大化地利用空间。

2. 收纳用品加减法：搬空阳台的所有物品，通过增加合适的收纳筐把物品按类存放，贴好标签。

3. 将暂时不使用的物品分类集中在一起，例如，婴儿期的物品通过透明箱子收纳，贴好标签，标签备注一年后不使用就可以流通出去或者淘汰。

空间折叠术

● 通过重新规划空间，调整隔板间距，增加收纳篮和收纳筐，最大化利用空间，就能放下家里的大物件，经过合并同类项还能够存放小育所有教学物品，再在收纳盒上贴上标签，需要时很快就能找到。这样，将工具、杂物和低频使用物品的收纳就都折叠进阳台区域。

阳台储物空间规划整理前

阳台储物空间规划整理后

整理师来了

心有远方，不问归路。

曹秋霞

留存道整理学院上海分院副院长

IAPO 国际整理协会理事

新浪家居认证衣橱整理师

城市规划设计师

曹秋霞是心思细腻、性格温婉的女人，她热爱生活并且追求品质，所以家里总是充满了爱和欢声笑语，舒心、自在就是她对家的理解和感受。为了让更多人体验到这种化繁为简的美妙，曹秋霞选择做一名整理师。在此之前她是一名设计师，主要做城市规划设计，10年的设计生涯造就了她宏观的空间思维、超前的空间洞察力、高效的落地执行力。从规划师到全职太太再到整理师，事业上的重获新生让她不仅找到了价值感和成就感，还有了更多亲子时光，夫妻关系也更甜蜜。整理不仅是体力活，更是一种科学方法、一种思维模式、一种生活态度，是现代都市人应该具备的生活新技能，是一种不仅能让家整齐有序，还能让家庭关系更和谐的超能力。

还原
家最初的模样

案例来了

房屋面积
88 平方米

户型
小复式

家庭成员
一家三口

改造区域
客厅、卧室、玄关

兰家的风格是小清新、温馨的，一进家门就给人一种特别温暖的感觉，可见主人的用心。兰说，房子的风格和家里的一物一品都是她和先生两人花了很长时间精心打造的，不料家里迎来宝宝后，随着物品的增多，家完全变了个样。衣柜、儿童区、储物区这三大区域让她头疼不已，杂乱的环境严重影响全家人的日常生活。

卧室

一家三口的衣物全部混放在卧室和衣帽间，每个人找衣服都特别费劲，而且衣柜的内部结构不合理，层板多，挂衣区少，再加上使用的是叠放的方式，显得格外杂乱。孩子每天都需要妈妈提前找好衣服，导致在适龄时期不能好好地锻炼孩子的自理能力。

解决方案

1. 层板加减法：衣柜左边规划为先生的区域，上层悬挂上衣，下层悬挂裤装。衣柜右边规划为孩子的区域，拆掉层板，增加挂衣区，上层存放孩子的过季衣物，下层悬挂孩子的当季衣物，可使孩子轻松管理好自己的衣物。
2. 合理规划衣帽间，转角处存放过季衣物，正面黄金区域悬挂当季衣物。

空间折叠术

● 将一家三口的衣物按人物区分，规划专属区域，全部折叠进衣柜和衣帽间。

整理前　整理后

玄关

　　进门左边是个大的阶梯柜，里面堆满日常用品。进门正面是一张大桌子，上面堆满了快递和随手放的杂物，桌底下摆了一台洗衣机，进门就让人倍感不适。

解决方案

1. 把原本不属于该空间的洗衣机移到阳台，玄关瞬间扩容，不再拥挤。
2. 柜体加减法：与阶梯柜齐平增加一组斗柜，分别存放出门用品、药品、工具杂物。
3. 阶梯柜容量大，可以存放日用品、消耗品、大件物品等。

空间折叠术

● 将日常消耗品、药品、工具杂物类收纳区 3 个功能折叠进玄关区域。

整理前　整理后

客厅

孩子的出现使得家里多了很多玩具，但这些玩具没有进行合理收纳，散落在客厅的每个角落。原本采光很好的窗户因堆满玩具和布艺小矮椅而变得不透亮。夫妻俩的书籍也跟孩子的玩具混在一起。电视柜抽屉里塞满各种小杂物。

解决方案

1. 柜体加减法：清空堆积在窗户前的玩具和布艺小矮椅，增加一组高度适合的儿童玩具柜，既能把所有玩具归类收纳其中，也不会挡住温暖的阳光洒进来。
2. 层板加减法：在原有的电视壁柜里增加层板，存放夫妻俩的书籍。
3. 收纳用品加减法：将电视柜的抽屉区规划为电子产品存放区，增加合适的收纳盒，并将各种电子产品分门别类存放好。

空间折叠术

● 将儿童玩具区、阅读区、电子产品类存放区 3 大功能折叠进客厅区域。

经过重新规划后，兰和先生找到了生活的初心。每天的生活井然有序，一家人尽情享受一日三餐的美好时光，休闲娱乐区也时常传来陪伴的欢笑声。兰说，这就是她一直以来向往的生活。

整理师来了

在整理家居物品的
同时更注重家庭关系，
因简单生活而美好。

王潇乐

留存道整理学院深圳分院合伙人

IAPO 国际整理师协会理事

累计上门服务时长达 1000＋ 小时

新浪家居认证博主

家居研究员

有温度的漂流整理师

AIAS 认证色彩形象顾问

王潇乐把每次的整理服务都当成是在完成自己的一件作品，她认为整理师需要丰富的生活阅历，更需要敏锐的洞察力和细腻的情感，于2019年3月踏入整理圈，5月正式进军整理行业。在此之前王潇乐是一名医务工作者，之所以选择作一名整理师，是想做美好生活的"指南针"。她理想中的家应该有温度，每个家庭都应呈现它原本的温度和向往的温度。

不扔一物
也能做整理

　　小徐一直渴望有个整洁有序的家，但是家里实在太乱了。入户门只能打开一半，桌子、茶几、沙发、地上……散落着各种食物、书籍、包、衣服等，用"几乎没有下脚的地方"来形容一点也不为过。小徐的先生特爱囤积物品，但买了新的又不舍得用，就出现到处乱堆的情况。这种状况已经困扰她很久了，甚至放假也不敢出去游玩，因为想着家里还很乱，总想利用假期把家里改造一下，但是费了半天劲又没有效果，收拾完没多久又乱了，装修也解决不了这个问题。

案例来了

房屋面积
100 平方米

户型
两室一厅

家庭成员
夫妻二人

改造区域
全屋

凌乱原因

1. 家中各种囤积物比较多，其中还有很多未开封和未摘掉标签的物品，导致收纳空间不足。
2. 物品没有分类存放，家中的各个角落都已被堆满，需要归类和找到收纳的空间。
3. 衣柜的格局不合理，挂衣区很少。层板区放置了很多个 PP 盒，把衣服一股脑儿都塞了进去，找不到，易翻乱。裤架只能挂少量裤子，且不方便拿取。储物区只塞放了一些被褥，空间利用率低。
4. 书柜、鞋柜、餐边柜的格局不合理，物品堆放杂乱，需要调整。
5. 对物品有比较强的留恋感，不愿意断舍离任何东西，包括一些过期物品和旧杂志、旧报纸。

1. 层板加减法、配件加减法：改造衣柜格局，拆掉裤架和不合适的层板，增加 3 根挂衣杆，根据衣柜的高度和格局设置长衣区、中长衣区、短衣区、裤区、包帽收纳区和行李箱存放区。将男士和女士的衣服分类，分别放在两个衣柜里，这样可以做到互不干扰。

2. 收纳用品加减法：对衣物进行适当筛选，将换季衣物收进百纳箱，放置在储物区。当季衣物进行分类，能挂的衣服全部悬挂起来。淘汰掉原来各个样式的衣架，全部换成超薄防滑的植绒衣架。内衣裤、袜子等小件物品用纸质分隔盒收纳。用百纳箱将囤积的、暂时不用的新衣服、新毛巾等物品分类收纳，整齐地堆放在一个小空间内。

3. 柜体加减法：将客厅的书柜加固，挪至书房，将堆放在地上的书籍分类放置进去。

4. 收纳用品加减法：充分利用书柜上方的高处空间，定制 8 个牛皮纸箱，将囤货的小物品装入贴好标签的纸箱内。暂时舍不得淘汰的过期物品和旧杂志、旧报纸，用塑料箱分类放置，存放在阳台上。

5. 层板加减法：玄关处的鞋柜增加层板，扔掉所有鞋盒，将鞋按类别和高度放置。

6. 层板加减法、收纳用品加减法：餐厅的餐边柜增加层板，用收纳筐将物品分类放进去。添加零食车，把桌面零食分类放置。

整理前

整理后

主卧
衣柜

主卧衣柜的格局不合理，只有 1 个挂衣空间，收纳空间不够。裤架只能挂少量裤子，且不方便拿取。层板上放置了 6 个 PP 盒，把衣服都塞了进去，很容易翻乱。

改造衣柜格局，拆掉裤架和不合适的层板，增加 2 根挂衣杆。根据衣柜的高度和格局设置 3 个短衣区，1 个中长衣区，全部给小徐使用。经过小徐筛选后，留下大约 300 件衣裤，淘汰掉原来大小高低各个样式的衣架近 200 个。将当季衣服用超薄防滑的植绒衣架全部悬挂起来。原来只能悬挂 28 件衣服，扩容后能挂比原来多 3 倍以上的衣裤。换季的衣裤和床品四件套用 4 个百纳箱装好，放置在储物区。小件内衣裤和袜子等物品用纸质收纳盒收纳，再分类放在小抽屉里。

空间折叠术

● 将睡觉用的衣物、女主的当季和换季衣物、女主的小件衣物、床品等收纳功能折叠进主卧衣柜。

整理前

整理后

次卧衣柜

次卧衣柜的衣裤混乱地摆放着，层板上有 4 个 PP 盒，还塞满了各种衣物和部分书籍杂志。改造后将先生的长袖衬衫、短袖衬衫、T 恤、外套、裤子按类别有序地悬挂起来，按色彩搭配排列。用 8 个百纳箱将他的换季衣物、5 条棉被、数条浴巾、毛巾和闲置的背包全部分类放在储物区。将小件内衣裤和袜子整齐叠好收进纸质收纳盒，再放到柜子中的 PP 盒里。调节层板高度后，将原来无处安放、散落在家里各个角落的 3 个行李箱和近 30 个包集中起来放置，还给帽子的放置预留了空间，这样整个柜子的空间利用率就大大提高了。

空间折叠术

● 将先生的当季和换季衣物、小件衣物、被褥、箱包、帽子等收纳功能折叠进次卧衣柜。

客厅

小徐先生是一个对物品有执念的人，喜欢将新衣物囤积起来，他大约有 50 件新衬衫、30 件新 T 恤、20 条新裤子、50 双新袜子，还有一些新毛巾散落放置在各个地方。让他断舍离是很难的，因此应该着重在如何将物品留存有道方面想办法。小徐暂时不想添置新衣柜，就用百纳箱将新的没拆封的衣物分类集中起来，在客厅的角落里将 8 个百纳箱搭成一个"衣柜"，并给这个"衣柜"装饰一下，就呈现出温馨的客厅一角。

餐厅

餐厅的餐边柜里放满了各种各样的物品，而需要放到餐边柜里的零食、水杯等物品却散落在柜子以外的地方，餐桌上甚至很难放下四菜一汤了。储物空间明显不够，这就需要调整餐边柜的层板，扩容空间，用收纳筐将物品分类放进去。再将餐桌上每天都要吃的营养品和零食放进零食车里，方便拿取，还清空了原来堆满杂物的餐桌。将冰柜从客厅冰箱的对角位置挪到冰箱的临近位置。因为饮食关乎全家人的健康，应将冰箱进行全面消毒，再将过期食品处理掉，配置合适的收纳盒，将各类食物按类别装进干净的保鲜盒和保鲜袋里。对餐厅区域的物品摆放重新做了调整后，整个餐厅宽敞明亮了很多。

空间折叠术

● 将看电视、会客休息、吃饭、餐边柜收纳、冰箱冰柜收纳、囤货收纳等功能折叠进客厅
  和餐厅整体区域。

整理前

整理后

书房

　　小徐家里的书籍特别多，虽然书房里有好几个书柜，但还是不够，桌面和地上堆满了书，连客厅的茶几、小柜和地上都是书。客厅角落里原本有一个堆满了杂物的书柜，将其挪进属于它的区域——书房，再将书房地上堆放的上百本书籍一一归位。书柜有点晃动，请木工做了加固处理，这样安全稳固了很多，同时扩充了书籍的存放空间。整理小物品的时候，由于囤货太多，又不愿意舍弃，就定制了8个牛皮纸箱，将每一类囤货的小物品分别装入纸箱内，贴好标签，放到书柜上面，既整齐好看，又充分利用了书柜上方的高处空间。

空间折叠术

● 将书籍、文件、文具、办公用品、小件囤货等收纳功能折叠进书房区域。

整理前　　　整理后

玄关
阳台

　　堆在门口的鞋盒堵住了门，入户门只能开一半。将鞋柜增加层板，淘汰不用的鞋盒，这样就能放下门口堆放的 20 双当季鞋。建议在玄关再加一组鞋柜，这样换季就不用折腾了。把出门用的小件物品和防护用品（口罩、手套、酒精等）安放在次净衣区下方的小抽屉里，可方便进出拿取，及时做消毒等简单防护工作。增加 2 个储物筐，放置塑料袋、鞋油和一次性拖鞋等小物品。

空间折叠术

● 将鞋、次净衣、小件物品、预淘汰物品等收纳功能折叠进玄关和阳台区域。

　　中国人很惜物，总是舍不得扔掉伴随自己多年的东西，但这样会导致东西越来越多，混乱不堪的物品虽然不影响使用，但会影响我们的情绪。面对纷杂的物品无法做到断舍离时，如何留存有道呢？收纳无非就是解决以下三者关系：人（有情感有变化）、物（无情感有变化）、空间（无情感无变化）。可以通过正确地分析人、物、空间三者之间的逻辑关系来达到彻底解决物品"找不到、放不下、物品乱"的问题。合理地利用空间将物品留存有道，才是属于我们的收纳理念，也就是"用空间控制物品的数量，用物品数量控制人的欲望"。

整理师来了

用专业的方法，
帮助有需求的朋友，
改变家庭烦乱的现状，
拥有不将就的生活方式。

陈丽莲（莲姐）

留存道整理学院北京分院合伙人

IAPO 国际整理师协会理事

新浪家居认证讲师

高级衣橱管理师

教育部高级职业培训师

　　莲姐属于姥姥级的整理师，已经退休 5 年多，从事过很多职业。她曾在北京毛纺织研究所工作17 年，获得高级工程师职称；曾做物业管理项目总经理 5 年，拥有物业管理师、教育部高级职业培训师资格；曾从事过十几年的国家职业资格培训工作；曾任全国大型连锁餐饮酒店北京市场营运副总经理 4 年；曾任理财规划师 7 年，并拥有美国IARFC 国际认证财务顾问师资格。之所以在退休后选择当整理师，是因为莲姐无论做什么，都想尽自己所能做到最好，但在生活中常常发现物品乱放、无处寻找，于是想做一个专业的整理师，在学会整理自己家的同时也帮助别人。过去她工作是为了生存赚钱，现在成为整理师是因为喜爱这个职业，喜欢帮助别人，从而让自己更有价值。

整理

让生活在柴米油盐中盛开鲜花

云儿是大家眼中的人生赢家：夫妻恩爱，两人事业有成，还有一个可爱的三岁女儿，着实令人羡慕。可她把自己的生活描述成：心累、疲惫，不想回家。每当打开房门，迎面而来的是一地狼藉，尤其家中的公共区域，更是不忍直视：各种东西杂乱无章地散落着，甚至层层叠叠地堆在一起，每个柜子都被塞得满满当当，拉开抽屉还会出现各种塑料袋，需要的东西怎么也找不到……

云儿说，自己的母亲是个井井有条的人，就因为这样，她从小到大都被细致周全地照料着，导致欠缺一定的生活技能，完全不知道怎么收拾自己的家。

其实她家的问题是家庭收纳的"常见病"：物品数量多且杂乱，未进行合理分类，使得家中物品"居无定所"，很多东西随意丢放在各处，造成视觉上的凌乱和心理上的无序感；实际使用过程中，一家人总是把精力耗费在"找东西—找不到"的循环往复中。此外，家庭成员间没有建立足够的边界感，孩子使用的物品占领了客厅，爸爸的衣物占领了孩子的衣柜，杂物占领了书柜，游乐场占领了阳台……就这样，家中原本有限的空间不仅没被有效折叠，反而受到了入侵和挤压，在这样的环境下生活，能不"心生疲惫"吗？

案例来了

房屋面积
90 平方米

户型
两室两厅一厨两卫

家庭成员
三口之家

改造区域
公共区域

客厅

凌乱原因

1. 物品过度堆积，书籍、孩子玩具、工艺品及各种杂物未经分类，无序地占满各层书柜。

2. 书柜下两层的利用率极低，从外面根本看不见里面放了什么，加上周围被各种障碍物阻拦，成人不便进出，成了一个几乎不可能取用物品的死角。

3. 书籍分类不清，摆放无序，找书时往往需要把书架上的每一本书都扫描一遍，费时费力。

4. 对该区域的收纳缺乏系统规划，很多区域完全成了杂物聚集地，单人沙发也沦为一个大型收纳箱，原本并排放置的三人位和两人位沙发上的杂物正"开着派对"。

解决方案

1. 层板加减法：增加一个层板，将原先的四层书柜调整为五层，功能划分为：下两层放置孩子的物品，中间两层摆放书籍，最上层及柜顶以陈列艺术品或手办玩具为主。

2. 收纳用品加减法：书柜下两层定制尺寸合适的收纳箱，用来摆放儿童绘本、相册、闲置玩具等使用频率较低的物品，而且这个高度刚好处在孩子的黄金视线区域，预留的空间也方便其进出。

3. 对书籍进行分类，除儿童绘本外，按文学、历史、社会、生活等大类对成人书籍按类别陈列，同时制成电子目录以便随时查找。

4. 通过清理及规划，原先堆放在一起的杂物有了方向明确的去处，而且把三个沙发合围在一起，营造出一个相对独立、气氛温馨的区域，打造融合休闲、会客、阅读等多种功能为一体的核心活动区。

空间折叠术

● 把书籍陈列、艺术品展示、物品收纳功能折叠进书柜里，将休闲、亲子娱乐、会客、阅读等功能折叠进客厅。

整理前

整理后

阳台

凌乱原因

1. 客厅和阳台没有明显的界线，空间划分不合理，阳台上的双人沙发使用频率不高，大部分时间用来堆放物品。

2. 搭建在阳台上的滑梯已不适合幼儿园阶段的孩子玩耍，此外，各种玩具横七竖八地放置着，真正的活动空间因为物品的无序堆放而变得非常拥挤。

解决方案

1. 以沙发为界，把客厅和阳台做自然分隔，阳台靠窗区域为孩子的活动空间，同时可收纳玩具，摆放小家具。

2. 柜体加减法和收纳用品加减法：在阳台的角落添置一套摆放玩具的小柜子；增加几个收纳箱和收纳盒，对现有玩具统一进行取舍，淘汰掉不适龄或使用频率低的玩具，剩下的按类别、大小或色彩进行归类。收拾妥当后，孩子的活动范围被固定在向阳一隅，玩具也得到有序收纳。在这个有开放度的自由空间里，孩子与父母既有边界又彼此连接。

空间折叠术

● 将孩子的游乐空间和玩具收纳空间折叠进阳台。

整理前

整理后

凌乱原因

1. 玄关柜的储物空间并不小，但只用层板等分成几个储物区，实际使用中势必出现空间浪费或使用效率低的情况。
2. 鞋的数量较多，单独一个鞋柜摆放不下。同样，因为玄关柜尺寸问题，几十双鞋被放置在大小不一的鞋盒中，挤在一起，不仅不方便取用，还影响美观。

解决方案

1. 层板加减法、配件加减法：增加大量层板，对物品进行分类，遵循上轻下重、黄金收纳区等原则，规划物品的摆放位置及层板高度；有效地利用收纳空间，以就近、方便取用为原则，有效地存放更多物品。
2. 收纳用品加减法：添置尺寸及颜色统一的收纳用品，使小件物品得到有序收纳，避免了凌乱、不便拿取等问题。

空间折叠术

● 把鞋包收纳、生活用品的存储功能折叠进玄关储物柜。

整理前

整理后

　　一次整理，让这个家庭找回了生活的秩序，重新焕发了活力。他们对自身需求，特别是人与物的关系有了更直观的认识，明白什么是真正"适合的""需要的"，家人间的关系也变得更融洽。周末，一家人宅在家可以各自忙碌，乐趣无穷。云儿说，最让她感到欣慰的是孩子有了很大变化：她不仅愿意主动参与到力所能及的家务中，也完全能把自己的东西收拾得很好，有时还会提醒大人一起维护家中的秩序。

　　其实，云儿原本就是个追求生活品质的姑娘，有很高的审美。柴米油盐的日常生活变得有条理之后，重新唤起了她对美的向往，这便是整理带来的附加值——原本对生活将就的人变得不再将就。经历了一地鸡毛的家再次鲜花盛开，满室飘香。

整理师来了

让「房子」成为「家」，让每个人对回家充满期待。

陈慧慧

留存道整理学院宁波分院合伙人

IAPO 国际整理师协理事

空间规划师、衣橱整理收纳师

新浪家居认证整理讲师

曾被多家媒体采访报道

进入整理行业前，陈慧慧是一名从业时间超过15年的人力资源管理者。从管理人到管理物品，她完成了由资深HR到整理师的角色转变。在成为整理师后，陈慧慧首先体会到的是自己生活态度和生活方式的改变：不再被商家促销裹挟，一味冲动地购物，而是从实际需求出发，理性购物；居家整理也从以前塞满式的重复收拾变得更加高效，符合生活动线。更重要的是，建立了清晰的、明确的"边界意识"：规划空间功能，对物品进行分类，在此基础上做好自我整理，整理出空间的边界、物品的边界以及人与人的边界。这些都得益于整理，正是整理给她的生活带来了积极的变化，更加坚定了她把不将就的生活理念传递给更多家庭的信念。

用整理
实现新家的美感和平衡感

高总是一位知名设计师，妻子是空姐，俩人非常有品位、有格调。这是他们第五次搬家，每一次搬家，工程量巨大，他们压力很大。高总的妻子说：生活本就是一地鸡毛，搬家跟"打仗"一样，把东西一袋袋装起来，以为可以打包完，却发现越来越乱。作为空间设计师，高总自己设计了非常漂亮的新家，从前端直接解决了大部分家庭存在的硬装弊端和格局错误问题，但这也只是解决了前端的设计规划问题，高总面对物品的整理和收纳依然没有头绪。最终，经过专业的整理收纳，实现了新家美感与平衡感并存的愿望。

案例来了

房屋面积
100 平方米

户型
三室两厅

家庭成员
一家四口 + 一个阿姨

整理类型
搬家整理 + 全屋整理

搬家无从下
手的原因以及
凌乱的原因

1. 对自己的物品认识不够，没有科学规划物品的打包顺序，使得打包周期长，影响了正常生活。
2. 未打包的物品在家里四处散落，束手无策之时，内心十分焦虑，会影响情绪和家庭关系。
3. 将衣服全部装在袋子或者箱子里，没有按照季节来分类，按这样的模式搬到新家，很多东西会找不到，需要花较多时间来收拾整理。
4. 每位家庭成员的物品没有进行边界划分，大宝的物品自己不会收拾，一岁多的二宝的玩具散落在地板上，导致无边界的混乱感充斥在环境中。
5. 虽然新家设计得很好，但因为不懂物品的合理收纳与规划，所以不知道如何呈现家的美感与空间感，从而影响未来生活的平衡。

1. 按照物品的类型和材质分门别类地进行打包，并在包装上贴上标签。

2. 搬家之前，根据自己的生活习惯和所需要的物品，对新家空间进行规划和格局调整。

3. 收纳用品加减法：直接把每一类物品搬到对应的使用空间，配合相应的收纳用品进行新家整理。

4. 根据家庭成员的习惯，规划日常使用场景，并根据每个成员的物品使用频率进行收纳。

5. 收纳用品加减法：衣柜按照家庭成员来划分区域，用植绒衣架将全部衣物整整齐齐地挂起来，在高效利用空间的同时，创造了随手拿放、一目了然的便捷度。

空间折叠术

● 根据两个孩子的成长需求，给他们规划独立的学习区和游戏区，书籍和玩具都整整齐齐地陈列出来，这样不仅拥有独立的空间，还解决了成长空间的痛点。

\书房一角/

\主卧一角/

\客厅一角/

\儿童房一角/

完美的空间设计加上完美的整理收纳，一个井井有条且美感十足的家就出现了。不管是空间内部，还是大场景，都让人由衷地感到：这才是理想中家的模样。

整理，是通往美好生活的必经之路。

张桂华

留存道整理学院厦门分院合伙人

IAPO 国际整理师协会理事

新浪家居认证讲师

为近 200 户家庭提供了整理服务，上门服务面积 10 000＋平方米

传播整理理念，线下及线上分享影响上万人

张桂华是个做事严谨、踏实努力的厦门姑娘。在做整理之前，她在一家外贸公司干了 17 年，就在公司遭遇破产的那一年，桂华第一次停下来，开始思考自己的未来。她很想在人生的下半场活得自由而热烈一些，做更多有价值的事情。遇见整理收纳后，这位原本就喜欢收拾的姑娘突然找到了人生的新方向。她从热爱到深耕，从整理到培训，用自己的专业帮助了成百上千个家庭。张桂华说，回顾自己的过往案例时，不管是 26 平方米的独居室，还是几百平方米的大别墅，都能够通过整理让每个家庭"焕然一新"。家整洁有序了，物品、空间与人之间就有了平衡的界限，家庭关系也悄然发生改变。这种价值感也让她越来越坚定，这是一份值得用一生去坚持的事业。

第四章

中等户型的舒适感
自己来创造

CHAPTER

4

整理后，
找东西不再像探险

　　小暖是个性格开朗的职场女性，她与先生结婚已经两年多了。她非常热爱生活，很想逐步提升自己的生活品质，改善自己的生活现状，于是想从整理入手。由于她的性格大大咧咧、不拘小节，再加上她和先生工作都比较忙，几乎没有休息日，平时只有晚上工作结束后才回家休息，而白天工作了一整天，晚上两个人累得根本不想收拾屋子，因此家里越来越乱。而且由于房间不够整洁，因此他们平时不愿意请朋友来家里做客。他们的问题是，家里物品多、乱、杂，找东西像探险一样，而新买的物品又无处安放，现有的储物空间已经无法满足家里所有物品的收纳需求。小暖说自己要崩溃了，再不整理，这个家可能连自己都是多余的了，因为已经快没有地方坐了。

案例来了

房屋面积
100 平方米
户型
三室两厅一卫
家庭成员
夫妻二人
整理区域
全屋

玄关

　　次净衣区原本是放外套的地方，现在塞满了各种羽绒服、卫衣、裤子、内衣物、袜子等。而且未做换季分类整理，过多的衣物堆叠在一起，既不方便寻找，也不美观。小暖和先生的鞋（常穿的、不常穿的）全部堆在鞋柜里，鞋柜空间规划不合理，摆放及拿取非常不便，使得两人经常找不到自己想穿的鞋，导致越翻越乱。上层放包区域的层板间距规划不合理，各种包就像叠罗汉一样被塞了进去，既容易把包压变形，也不方便拿取，看起来十分混乱。

解决方案

1. 层板加减法：玄关柜右侧上层储物区增加 1 块层板，陈列经常使用的包，在储物间设置专门的包柜，陈列不常使用的包。
2. 层板加减法：玄关柜右侧地柜层板区增加 2 块层板，将常穿的鞋按种类全部陈列出来。
3. 收纳用品加减法：把防护用品（口罩、手套、防护服等）安放在次净衣区上方的储物盒里，每天下班回来把外套脱下后可以第一时间喷一些消毒喷雾做简单防护。
4. 洗手池区域的物品分类摆放，这样可在回家后立即做清洁工作。

空间折叠术

● 将简单洗漱功能、次净衣收纳、鞋收纳、包收纳、日用品存储 5 个功能折叠进玄关区域。

客厅

　　无序的随手乱放导致客厅越来越乱。小暖和先生回到家后习惯把外套、包放在沙发上，导致沙发上堆满了穿过一次的衣物、新买的衣服、各种帽子和包。其深层原因是功能区域划分不够明确，空间利用率低。为了不影响彼此在家里的工作，小暖习惯在客厅办公，先生则在书房工作，以至于客厅放置了很多电子产品、书、笔记本等本应属于书房的物品。此外，物品放置没有规律，总是随手拿放，做不到明确分类存取。桌子上习惯摆放喝了一半的矿泉水瓶、没吃完的零食、未拆开的快递等。

解决方案

1. 彻底清空不属于客厅的所有物品，把外套放入衣柜，释放沙发的空间。
2. 考虑小暖上班、回家的动线，把帽子和包放入玄关区域，方便取用。
3. 收纳用品加减法：餐桌上随手堆放的零食用合适的收纳用品装好，转移到厨房的橱柜里。
4. 考虑各自在家办公互不打扰的需求，整理出小暖用的办公用品，放在电视柜下方的抽屉里。

空间折叠术

● 将看电视、会客休息、吃饭、餐边柜储物、开放式厨房 5 个功能折叠进客厅及开放式厨
  房区域。

书房

　　家里的书籍量很大，但书架层板间距规划不合理，导致空间浪费。书籍分类不清晰，寻找某一本书的时候需要翻遍书架的所有位置。书房内放置着不属于此空间的物品，应将其归于所属区域。

解决方案

1. 层板加减法：书房同样遵循先空间规划后整理收纳的原则，增加 2 个层板，这样两个书
   柜可分别多放两层书籍。
2. 按照书籍的种类进行归类，比如哲学宗教类、散文诗歌类、人物传记类、小说类等。

空间折叠术

● 将书籍收纳、文件收纳、文具收纳、阅读、办公、弹琴等功能折叠进书房区域。

、 书房整理前后对比图 ╱

主卧
衣柜

主卧衣柜的使用频率是家中几个衣柜里最高的，但只有 3 个短衣区，缺少长衣区，导致所有衣服被叠起来放在百纳箱里。层板太多，衣物只能叠放，但这样不方便寻找，而且很容易翻乱。两人的衣物混放在一起，每次找衣服会互相埋怨对方不收拾。本不应出现在衣柜的药品、杂物也被堆放在这里。

解决方案

1. 层板加减法、配件加减法：清空衣柜里所有衣物，改造挂衣区，拆掉 9 块层板，把原来的 3 个短衣区改造成 7 个挂衣区，这样所有当季衣物都可以挂起来。

2. 划分好边界，先生使用两个挂衣区足够了，其余 5 个短衣区用来悬挂小暖的外套、裙子、裤子等，每次将衣物洗好后直接挂在相应区域，就不用浪费时间叠衣服了。

3. 收纳用品加减法：所有小件内衣、内裤、袜子分隔放置，用抽屉分隔盒收纳，保持干净。

4. 收纳用品加减法：换季类衣物收在百纳箱里，放在次卧衣柜，主卧衣柜主要悬挂当季衣物。

空间折叠术

● 将当季衣物、睡眠衣物、小件衣物等收纳功能折叠进主卧区域。

整理前

整理后

次卧

因为次卧无人居住，床上堆满了换季物品、床品等。花卉堆放在墙角，占据了很多空间，又得不到很好的光照。

解决方案

1. 柜体加减法：将花卉移出次卧，增加一组储物柜。
2. 将所有换季衣物、床品、运动类服装、不常穿的衣服进行分类，使用百纳箱收纳在储物柜里。每次换季时将当季衣物取出，换季衣物收进百纳箱即可。

空间折叠术

● 将换季衣物收纳、客人睡眠、健身、耐荫植物养殖等功能折叠进次卧区域。

次卧整理前后对比图

储物间

小暖和先生习惯把所有物品摊放在储物间地面上，并且没有对物品进行分类，这样不仅凌乱且寻找起来不方便。这里存放了很多长期不会用的物品，装修时的材料、大量过期的饮料和啤酒也都存在储物间最里面，不仅没有使用价值，还占据着宝贵的空间。平时单位发的礼品、猫的用品和食品囤货，还有结婚时朋友和家人送的礼物等也都被无序地摆放在这里。

解决方案

1. 清空储物间所有物品，拆开所有包装，了解物品的类别，分类收纳。

2. 柜体加减法：使用立式墙面收纳，避免物品占用大量地面空间，增加3组置物架，划分上、中、下层储物空间，立式存放物品。

3. 按照小暖使用物品的习惯，上层放置不常用又不会淘汰的物品，中层放置常用的囤货，下层放置工具、运动类物品，专门设置猫的囤货收纳箱。每个区域贴上标签，一目了然，方便寻找。

整理前

整理后

卫生间

　　洗漱台没有做到分区收纳，物品也没有做到分类存放，寻找不便。没有放置男士用品专区，两个人的护肤品和洗漱用品混放。

解决方案

1. 取出所有物品进行分类，将过期物品酌情清理。

2. 收纳用品加减法：增加分隔盒，细致划分抽屉收纳区。

空间折叠术

● 将如厕、洗漱、沐浴、护肤品的收纳以及清洁用品和工具的收纳等功能折叠进卫生间区域。

卫生间整理前后对比图

阳台
储物柜

阳台储物柜主要用来存放换季及不常穿的鞋，但因其空间规划不合理，空间浪费严重。柜子里堆放了很多无用的旧鞋盒，经常因为找一双鞋而把大部分鞋翻得乱七八糟。

解决方案

● 层板加减法：在储物柜里增加 6 块层板，鞋子前后摆放，每层可放男鞋 7 双、女鞋 9 双，瞬间扩充了 50% 的储物空间。

╲╵阳台储物柜整理前后对比图╱╱

整理完之后，小暖和先生说他们现在每天最期待的就是回家。以前回到家感到最多的是疲惫，现在回到家有一种轻松舒适感。整洁的空间环境会减少很多负面情绪，不仅可以养成家庭成员良好的生活习惯，还可以改善每个人的关系。在此之后，小暖和先生第一次主动邀请好朋友到家里做客。

整理师来了

爱自己，爱家人，爱生活，留存有道做整理，生活态度不将就。

媛媛

留存道首席服务团队成员

留存道学院认证讲师

IAPO 国际整理师协会理事

整理服务的客户有知名主持人、博主、影视明星等

2019 年初，媛媛毅然辞去高薪、稳定且舒适的工作，成为全职整理师，之所以没有去创业，是因为她觉得跟着全国整理行业的领军人物，远比一个人摸索更快。凭借在会计行业磨炼出的对待事物谨慎、细心等特性，以及领路人的严格要求和近乎强迫症式的整理方法，她快速成长，仅半年时间已经可以独立带队上门服务。在服务过众多家庭后，媛媛的眼界也开阔了。这些客户不乏知名集团总裁、演艺界的明星，很多都是有影响力的人物，但他们愿意抛开工作中的状态，放心地将家中私密的空间展现给整理师。在服务过程中，她看到即便是如此卓越的人，在生活中也会遇到他们处理不了的问题——空间利用不合理导致使用困扰、物品分类不清产生整理烦恼。32 岁可能已经不再年轻，好在她的心态是年轻的，她说，年轻的标志就是经常问问自己，有什么喜欢的，并且有勇气把喜欢变成现实。有你所爱，有你所喜欢，才是最幸福的。

入住

10 年的第一次整理

C 女士家的房子虽然有 100 平方米，但只有一条过道可以走路，地上堆满了各种各样的收纳箱，餐桌、沙发、茶几、电视柜上堆满了衣服，还在读书的女儿忍受不了这种环境，搬到爷爷奶奶家去住了。C 女士因为在创业，平时工作特别忙，她之前也想整理，但是无从下手，导致家里越来越乱，而且和先生两个人越来越不愿意待在家里。这个三室一厅的房子住了 10 年，衣柜加起来竟然只有 1.6 米，储物空间和物品数量十分不匹配，因此在现有家具不动的情况下，可在客厅增加一面衣柜，将主卧的电视柜淘汰，换上衣柜，次卧增加包柜，玄关原先 1 米高的鞋柜替换成 2 米高的鞋柜，一共增加 15 米储物区。但是问题又来了，现在地上全部堆满了物品，柜子如何安装？如果柜子不先安装，那么整理出来的衣物又该放到哪里？这就需要先筛选、分类，然后按类别把衣服打包，腾出空间后再安装衣柜，最后将当季衣物悬挂起来。

案例来了

房屋面积
100 平方米

户型
三室一厅

家庭成员
三口之家

改造区域
全屋

原先使用塑料箱收纳衣服，没有进行分类，每次放进去之后就忘记了，导致打包的衣服越来越多，家里的空间越来越小，甚至把常穿的衣服放在餐桌上，这样餐桌就失去了它原来的功能，再也没用来吃饭。

解决方案

1. 柜体加减法：客厅增加 4 米衣柜，悬挂全部连衣裙。原先放包的展示架移至餐桌旁，改为餐边柜，将包放入带柜门的柜子。
2. 收纳用品加减法：客厅的杂物用不同的收纳盒放置，贴好标签，方便查找。

空间折叠术

● 将休闲、杂物收纳、长衣收纳功能折叠进客厅。

主卧

　　主卧中原先仅 80 厘米宽的衣柜完全无法满足收纳衣物的需求。电视柜完全用不到，上面堆满了衣物。

解决方案

柜体加减法：将原衣柜移至女儿房间，淘汰电视柜，此位置更换容量更大的衣柜。

空间折叠术

● 将睡眠、短衣收纳功能折叠进主卧。

女儿
卧室

因为女儿很少回来居住，所以打包的衣服全被堆积在这个区域，椅子和桌子上都是衣服和包，渐渐地这个房间就进不去人了。

解决方案

1. 柜体加减法：增加薄柜一组，放置全部包。
2. 柜体加减法：将主卧原先的衣柜移到女儿卧室，用来悬挂长裤。

空间折叠术

● 将包和裤子的收纳与女儿临时回家学习和睡眠的需求折叠进女儿卧室。

整理师来了

越整理，越了解自己，
就越容易感受到
生活脱胎换骨的变化。

赵千晴

留存道整理学院上海分院副院长

IAPO 国际整理师协会理事

上海龙湖物业整理收纳顾问

为 300 多户家庭提供了整理服务

各知名企业特邀整理讲师

　　赵千晴在从事整理行业之前做的是办公协作软件的营销顾问，其实这也是一种整理，不过不是家庭方面的整理，而是针对公司文件以及工作流程、分配、存档方面的整理，在做这份工作的时候她就已经感受到整理的魔力，不仅会让物品、资料看起来整洁，还会影响人的思维模式。后来通过学习、培训，赵千晴成了一名专业的整理师。此后她改变了很多，最大的就是购物习惯上的改变。以前喜欢囤积物品，尤其看到打折的时候，总是很难控制自己的冲动买一大堆。此外，她还学会用空间控制物品的数量，给每一类物品固定一个空间，满了就不买，空了再买。也许很多人衡量一个家好不好，会看面积大小、装修程度，其实这些都不重要，重要的是有没有用心对待家。

独居老人
也需要空间规划

在百度上输入"独居老人"这四个字时，出现将近 3000 万条结果，说明这是一个备受关注的社会问题。子女长大，远走他乡，成家立业，有了自己的家庭，孙儿也帮忙拉扯大了，很多老人会选择回到自己的家，哪怕老伴不在了，回老家只能独自一人，也希望在自己熟悉的环境里拥有独立的"自由空间"，安静地度过晚年生活。那么他们的独居生活怎么样？子女偶尔回家时，老人忙前忙后地准备着饭菜，子女也没能放下手机。子女也不曾仔细留意他们的生活，观察家里的布置对老人是否方便。其实，帮他们整理一下家，能体会到老人更需要关爱与呵护，不仅是从语言上，更需要落实到行动上。下面这个案例是对一位独居老奶奶的家的整理，从中可以看到老人的一些生活习惯和整理需求。

老人家喜欢在门口堆积各种快递纸箱，但一进门感觉很凌乱，而且无法下脚，在这种情况下需要将物品分类归置到生活阳台，还原玄关的作用，进门之后看到的便是空旷整洁的空间，给人一种舒适的感觉。

案例来了

房屋面积
100 平方米

户型
三室两厅

家庭成员
独居老人

改造区域
全屋

凌乱原因

1. 收到的快递、囤积的纸箱都堆积在了玄关。
2. 为了方便，常穿的鞋没有放入鞋柜，而是随便放在出门经过的地面上。
3. 出门时用的口罩、消毒液等物品随意放在鞋柜上面。

1. 收纳用品加减法：增加 2 个跟鞋柜色系匹配的藤编收纳筐，把原来散落在柜子上的口罩、消毒液等疫情防护用品、拆快递的工具等收纳起来。
2. 调整鞋柜内鞋的摆放方式，将常穿的和不常穿的进行分类，常穿的鞋放在打开鞋柜门不用弯腰就能拿到的位置。
3. 拆开所有快递，将里面的物品根据用途放到房间里的相应区域。

玄关

整理前

整理后

客厅

客厅的茶几、桌子、沙发上堆满了各种物品，将它们收纳到相应的位置，还原客厅的简单清爽，这样平时老人在按摩椅上休息时，视线里就没有杂物的干扰了。

整理前

整理后

餐厅

老人年轻时是一位药师，现在家里也常备各种养生中药，平时就用各种塑料袋装起来放在餐边柜里。如果从整齐美观的角度来替换收纳容器，她不太能接受，"难看""土气"这些评价标准对他们来说是没有意义的。如果强行更换，难免会伤了他们的心，最好的办法是从安全和健康的角度出发，说明使用食品密封袋的好处，这样将这些物品分门别类地放在密封袋里，不仅整齐，且拿取方便。

整理前

整理后

卧室

卧室衣柜的挂衣区已经足够，不用做太大改动，可根据老人的习惯分别规划外出服区、家居服区、次净衣区，把换季衣物挂在次卧衣柜，这样换季时方便更换。

主卧衣柜整理前

主卧衣柜整理后

次卧

被子、枕头、四件套等床上用品没有使用收纳工具，直接放在衣柜里面。衣架款式和颜色不统一，衣服也没有进行分类，显得衣柜凌乱。

解决方案

● 收纳用品加减法：用百纳箱将不常用的被子、枕头、四件套收纳在上方储物区，常用的床上用品用百纳箱和储物袋收纳在衣柜下方，方便老人拿取，春夏季薄款衣服统一更换成植绒衣架挂起来，秋冬厚外套、大衣等则统一用木衣架悬挂。

次卧衣柜整理前　　　　　次卧衣柜整理后

五斗柜

五斗抽屉柜原先是放杂物的地方，里面放着老人的帽子和围巾，下层会放一些充电线、药品之类的东西，虽然每层都有分类，但是并不整齐。归类之后，将围巾、袜子这些小物件折叠好，分层收纳，不再出现随手乱塞的情况，这样看着美观，心情也舒爽。

整理前

整理后

次卧

　　次卧原先还放着一个小型冰箱，被子和睡衣随意地放在床上，一方面卧室里出现了本不该出现的电器，另一方面床上没有特意整理，显得格格不入。将冰箱放在厨房，回到它应该出现的地方；将床头柜放置在床脚，上面铺一个大花桌布，整个卧室呈现出一种清新的感觉。

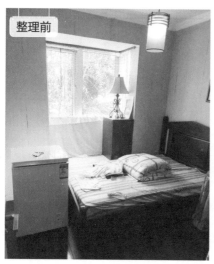
整理前

整理后

厨房

一个井井有条的厨房会让人更愿意下厨。对长辈来说，除了让厨房看起来美观整洁，便于烹饪和打扫也非常关键。在整理过程中，可以根据老人的行动路线把相应物品放在伸手可及的位置。

整理前

整理后

整理前

整理后

整理完成后，可以找专业师傅上门翻新家具，考虑老人的身体安全，将喷漆改为贴家具翻新贴纸。

想要给老人提供好的居住环境，呵护他们的晚年生活，可以按照上面这样的方式 "帮爸妈收拾房子"。帮长辈做整理，除了考虑整洁有序，更应该尊重他们的意见，充分沟通，既关注物品的整理，也关注长辈心理的呵护。

整理师来了

很多人在装修新房的时候，容易把颜值放在最重要的位置，而忽略储物空间的规划。

其实，整洁有序是颜值的基底，只有先做好收纳空间的规划，让物品各得其所，才能呈现出家的颜值和温馨。

杰 子

留存道整理学院深圳分院院长

IAPO 国际整理师协会理事

为近 200 户家庭提供了全屋整理、空间规划服务

多家知名企业特邀整理讲师

杰子做整理师之前在一家传统制造业公司做过销售，一待就是 8 年。后来工作上遇到一些问题，自己的生活状态也不太好，闺蜜小米就建议她走出去看看。成为整理师后，她觉得自己的每一天都有了价值和意义，还有一份责任感：要给千家万户带去美好的家居环境。作为一名整理师，她对家有自己的理解，房子不用太大，但是一定要有温度，家里的物品不用太多，但是每一件物品都是经过自己精心挑选的。如果有条件的话，她希望能够有一个小花园，没事种种花、种种草，在某个午后，叫上三五好友一起坐在夕阳下，吃着甜品，喝着下午茶，谈论着未来。

拥有海量收纳用品，
不等于整洁有序

案例来了

房屋面积
140 平方米

户型
三室一厅

家庭成员
一家四口

改造区域
全屋

婷婷家在成都市下属的一个县级城市，她原本是做家庭用品生意的，家里并不缺所谓的收纳用品。婷婷和先生有两个可爱的女儿，三个"女生"有各自的兴趣爱好，于是物品变得越来越多，找东西和争吵也成了常态。

"妈，我的热熔胶条呢？"

"老婆，明天要出差，我的行李箱呢？"

"妈，我新买的书呢？"

类似这样的对话经常回荡在她们家里。

婷婷家并不缺乏收纳空间，但因为内部空间的严重浪费和储物规划不合理，家里的柜子越收纳越乱。在这种情况下，并不需要额外添置家具，只要改造内部空间即可让整个家焕然一新。

凌乱原因

1. 家庭的储物空间规划不合理。
2. 对应的生活空间里缺乏与生活用品配套的储物空间。
3. 各种物品混放，没有明确的使用边界。

- -

解决方案

1. 柜体加减法：对厨房岛台柜体内部结构进行调整，增加壁柜，收纳各种容器。
2. 对应的生活空间中匹配更加合理的储物空间，实现缩短动线、方便取用的整理目的。
3. 规划边界：划定家庭物品的边界，为常备物品规划合理的空间，并利用收纳工具实现物品的可见化和量化。

厨房

在装修的时候没有设置足够多的储物空间，随着入住时间的增加，各种各样的食物、电器、容器、工具进入厨房，慢慢地占据了厨房的各个空间。再加上婷婷喜欢在家宴请朋友，所以比一般家庭储备了更多的厨房用品，现有的厨房空间已经完全没有办法满足储物的需求了。

解决方案

1. 柜体加减法：在西厨的岛台区增设冲调区，利用宜家的"贝达"上墙柜收纳咖啡机、冲兑饮料等与饮水有关的物品。

2. 配件加减法：在中厨区增加宜家的上墙隔板，放置使用频率高的小家电，实现台面的扩容。拆掉厨房地柜两个区域的隔板，重新规划一组调料拉篮和一组碗碟拉篮，扩容地柜的储物空间，实现地柜空间小物品取物的便利。

3. 收纳用品加减法：换掉不同形状的密封容器，用统一的容器收纳食物，方便拿取。

空间折叠术

- 实现餐厨空间的相互折叠及各个空间的互换和独立，缩短生活动线，实现在使用环境下取物便利的目的。

玄关
储物柜

凌乱原因

1. 储物空间规划不合理，导致柜体空间严重浪费。

2. 物品分类不明确，造成各种物品混放，不方便使用。

3. 玄关柜放置在家庭生活主动线上，导致各种生活周边用品都会出现在此处，并且缺少规划。

解决方案

1. 层板加减法：在入户的柜区规划鞋柜，根据鞋靴类型和使用者，为每一类鞋匹配最合理的收纳高度，让鞋柜的每一寸空间都得到有效利用，用同样的空间实现两倍的储物量。在靠近餐桌的柜区规划餐边柜的空间，根据收纳物品的情况增加层板，让空间扩容，更好地匹配物品量。

2. 收纳用品加减法：在玄关换鞋凳的上部，利用宜家的洞洞板和配件将钥匙、零钱、雨伞都规划在相应的空间，尊重家人回家随手置物的习惯。根据空间和物品情况配备相应的收纳拉篮，实现空间内物品的分类。

空间折叠术

- 因为厨房空间的限制，玄关柜左边的区域既是餐厅物品的收纳空间，也是厨房储物空间的延伸。餐厨一体的收纳方式既释放了厨房台面，也缩短了生活动线，实现了取物便利的目的。

整理前

整理后

书柜

父母都希望孩子能认真学习，也会为了培养他们的学习能力而想尽各种办法，但有一部分人忽略了家庭环境这个最重要的因素。以前，妹妹的书本和玩具被随意地堆积在房间的架子上和床边的箱子里，无法有效收纳。妈妈总是抱怨妹妹最喜欢买买买，殊不知是因为规划整理出现问题才造成这样的情况。学龄期孩子的最好储物空间是书柜，上部空间作为陈列区收纳孩子的书籍，下部空间作为储物区收纳孩子的各类兴趣用品。用空间去匹配孩子的储物需求，也是在用空间去培养他们的生活方式，让他们在自己的空间里轻松自在地学习和生活。

经过一系列的整理改造，婷婷的家像是被重新装修了一样。没有了物品的阻挡，阳光可以从阳台直接洒进房间，咖啡机也开始发挥自己的作用。厨房里每天弥漫着食物的香气，房间里播放着美妙的音乐，这一切让婷婷感到当初装修时的期望得到了实现。女儿们也有了自己的工作台和阅读区，可以专注地做她们自己喜欢的事情。

这就是我们一直期望的成果——一种不将就的生活状态。

整理师来了

整理处处有，生活不将就。

京京和珊珊

留存道整理学院成都分院院长

IAPO 国际整理师协会理事

10 年家居行业培训经验

多家名企特邀整理讲师

曾为博主、明星、商界名流
提供专属整理服务

　　京京和珊珊10岁的年龄差距，造就了属于她们的鲜明特色，既有思维的活跃，也有做事的沉稳，既能不断学习，也可以专注坚持。因为整理，她们找回了梦想，拥有了希望。四年来，她们已为近200个家庭提供了整理服务，在与这200个家庭的深度交流中，她们也渐渐勾勒出一幅家的模样。家，是那个可以让我们卸下防备的"安全岛"，是家人们可以围坐一起畅谈的居所，也是我们做回最真实自己的舒服角落。整理师穷尽一身技能，想要传递的就是这样的观点。所有物品都有它对应的位置，你能够清楚地知道物品的位置、数量，同时家人也可以轻松找到，不用为找东西而浪费时间和精力。你的家，一定要有一个舒服得可以让你一坐下来就会嘴角上扬的地方。每个人都值得拥有更好的生活品质和生活方式，这和金钱多少没有绝对关系。

三宝妈妈：
读很多整理书，不如彻底改变一次

艳姐看过很多整理收纳方面的书，发现自己物欲很强，由此走上了断舍离的道路，但自己整理过四次之后家里还是乱糟糟一片。她以为是房子装修不合理导致的，于是把房子内部全部拆掉重新装修，增加了很多柜子，花了十几万元装修费，结果仍然没有解决她家里的收纳难题。走进她家可以看见客厅满地散落着孩子的各种玩具，沙发上因为铺满全家人的衣服而无法入座，小儿子的衣服竟然塞在了鞋柜里，大大的阳台上堆满各种花盆和装修遗留材料，想要一个漂亮的后花园的愿望也被堆积的杂物破灭了。因为家庭空间整体规划不合理，整个家显得凌乱不堪。在这样的环境里成长会影响孩子们的身心，大女儿临近高考没有一个安静的学习区；二女儿房间的床上堆满被子，不仅影响睡眠，还容易引发家庭战争，无法和家人正常交流；小儿子经常随地翻滚。三个孩子的这些行为引起艳姐的重视，她觉得只有先改变家居环境、空间布局，才能改变他们的家庭关系。

案例来了

房屋面积
130 平方米

房屋户型
三室两厅一厨两卫一阳台

家庭成员
一家五口（爸爸和妈妈，大女儿上高中，小女儿上初中，小儿子上幼儿园）

改造区域
全屋

客厅

储物柜严重不足，导致客厅物品无处收纳，只能堆在茶几上或随意扔在沙发上，而窗户下的茶几坏了一年仍旧放在角落里没有清理。两个灯饰原本应该放在阳台，由于阳台堆满了各种花盆、杂物和装修遗留的工具、材料，只能扔在客厅。孩子上幼儿园后玩具比较多，装修时却没有考虑在客厅规划收纳玩具的储物柜，导致客厅到处散落着玩具，孩子在无序的环境里只会没有规矩地随手乱扔，乱是必然的结果。

解决方案

- 柜体加减法：将窗户下原有的茶几用作收纳儿童玩具的柜子，与闲置的置物架合并使用，正好将孩子的玩具全部收进去，完美地解决了玩具散乱堆放的问题。
- 柜体加减法：客厅增加两组收纳柜，以此分隔厨房和客厅，将沙发堆放的衣物和杂物各归其位，把闲置的堆满杂物的茶台利用起来并放置在餐厅，让整个客厅的行动线更顺畅。收纳柜不仅可以收纳各种荣誉证书、奖状、奖杯，还可以将家人的相册也收纳进去，让收纳柜将家人们的美好回忆留下。
- 在电视柜的抽屉里增加抽屉分隔盒，把电池、数据线、电子产品、生活工具、遥控器等五大类用品分别用分隔盒按类收纳，解决了电视柜台面凌乱的问题。对面积不大的餐厅进行桌椅的调整，让餐厅的书籍回归到书柜里，腾出一个与家人喝茶聊天的空间，这样一家人就可以其乐融融地围着餐桌交流了。

空间折叠术

- 将家庭起居休闲、公共物品收纳、玩具收纳等功能折叠进客厅。

衣柜

裤抽和多宝格因为使用不便被随手堆放了衣物和收纳筐，挂衣区的衣架样式不统一而且没有挂满，比较浪费空间，层板上堆满了不知道是谁的衣服，让人看到就头疼。衣柜本来是收纳衣服的，但因为没有得到合理使用，日积月累变得非常杂乱。

解决方案

1. 层板加减法：拆掉裤抽和多宝格，变成挂衣区，瞬间扩容 50%；拆掉中间层板，使其变成上下 2 个挂衣区，这样就解决了上衣和下装的悬挂问题；移走衣柜中的电视，悬挂孩子的衣服。
2. 收纳用品加减法：用植绒衣架把所有当季衣物都挂出来，取用方便，也不用花费时间找衣服，用百纳箱收纳换季衣物，放在衣柜顶部，可以将空间充分利用。

卧室

　　因为衣柜放不下，于是衣服被随手堆在飘窗上，时间久了就变成习惯，飘窗又对着进门的位置，走进来一眼看到的就是飘窗上的那堆衣山。没有统一床品的颜色，早上起来也没有铺床的习惯，导致整个床面和飘窗都凌乱不已，这样很容易导致家里成员无法彻底放松休息。

解决方案

1. 把飘窗上放的需要清洗的衣服放到洗衣机里进行清洗，把不属于卧室的物品移到客厅整理。
2. 铺好床，叠好被子，用上被遗忘的香薰机，时不时飘来一阵阵香气，闻着就开心。

玄关没有放置收纳鞋的鞋柜，鞋只能全部放在家里的其他空间，原来的鞋柜则被用来收纳孩子的衣服，导致鞋没有地方收纳，这是比较鸡肋的收纳方法。

解决方案

- 柜体加减法：把闲置的鞋柜利用起来，将全家人的鞋全部收纳进去，经常穿的鞋放置在简易鞋架上即可满足收纳需求。
- 收纳用品加减法：玄关里外各有一个塑料鞋柜，调换位置，增加雨伞收纳，鞋柜里增加刷鞋工具收纳筐、雨伞收纳筐，台面增加台面托盘，用来收纳钥匙等小物件，让鞋柜台面更加整洁有序。

空间折叠术

- 一层收纳健身包、一层收纳雨伞，一层收纳鞋刷工具，将 3 个功能折叠进玄关侧边柜里。

原来的洗脸盆已经出现脱瓷现象，并且缺少镜柜收纳，台面零散地堆满各种洗漱用品。塑料洗澡盆常年不使用，买回家只用了两三回，没有太多用处还影响家人走动。

解决方案

- 柜体加减法：更换整套洗脸面盆，增加镜柜收纳，可完美解决台面日常用品的放置问题。
- 柜体加减法：将原本不常用的洗澡盆移走，增加隔断，可有效阻挡洗澡水流向门外。

整理前

整理后

　　阳台上堆满了各种清洁工具，摆满了各种花草，看起来很凌乱，使用起来非常不方便，看起来还很凌乱。阳台柜本该存放生活用品，现在却堆满了被子，整理的时候发现被子已经发霉了。阳台柜左边深洞位置没有储物柜，这样很浪费空间，行李箱只能堆在地面用布盖着，不美观且落灰。

解决方案

● 在阳台规划独立的花园区和洗衣区，解决二区"打架的状态"，艳姐拥有一个后花园的愿望终于得以实现。

整理前

整理后

　　老式的小方桌搬进来四年只是用来堆放杂物，放置的位置不合理，影响冰箱开关。侧边小收纳柜也被各种物品占满。超大的厨房堆满杂物，没有很好地利用，也影响家人下厨的欲望，导致厨房被闲置多年。

解决方案

● 柜体加减法：撤掉小方桌，可使厨房空间变大，而且不影响冰箱的开启。

● 收纳用品加减法：橱柜里增加分类收纳筐，分类的厨房物品有干货、电器、清洁器具、烹饪工具、洗菜工具、锅具、碗筷碟、调料等，通过重新规划布局，这些物品终于有地方可放置，不再出现在台面，维持了厨房的整洁有序。

空间折叠术

● 将干货区、电器区、清洁区、烹饪区、洗菜区、锅具区、碗筷碟区、调料区等 8 大功能区折叠进厨房区域。

整理前

整理后

冰箱

冰箱没有分区，放置食物的方式也不合理，各层都有相同的食物，保鲜食品和速冻食品也混放在一起。生熟不分，直接塞在冰箱里，而且长时间没有打开过冰箱，里面的味道也不太好。不该放进冰箱的食物或零食也放进去了，缺少冰箱储物常识。

解决方案

1. 收纳用品加减法：增加冰箱收纳盒，对水果、蔬菜等进行分类，增加食品级封口袋分装食物。通过分类后可以直接取用，一餐一袋，轻轻松松就可做出几道美味佳肴。
2. 冰箱每月一清，可保证家人健康。冰箱分类要细致，多清洁，少囤积，保新鲜。

通过整理，很多闲置物品发挥了其应有的作用，飘窗、客厅、阳台、餐厅、厨房完美地呈现了家的样子，三个孩子回家时不敢相信自己的家原来有这么大，而且每个人都为拥有了自己的小天地而格外开心。一家五口各自遵守收纳后的原则，也养成了从哪里拿放回哪里去的好习惯，这样就可以很好地维持有序的状态，通过自身的行为习惯慢慢改变一家人的生活方式，让家回归温暖的样子。

我创造的是客户想要的意外惊喜。

周栩逸

- 留存道整理学院南昌分院副院长
- IAPO 国际整理师协会理事
- 江西整理收纳行业第一人
- 空间规划设计师、高级衣橱管理师、整理收纳师
- 提供入户整理 200 多家，房屋面积 20 000 多平方米
- 线下整理沙龙分享 90 多场，普及整理知识影响 10 000 多人
- 接受过超 16 家媒体采访

周栩逸已经在整理师这条路上前行了整整四年。之所以从建筑档案管理工作者转型为整理师，是因为热爱整理这件事。整理不仅能改变我们居住的空间，还可以调整我们的心态，认知自己的不足。周栩逸经常说，自己是整理的受益者，也是整理的践行者，因为整理让她改变很多。作为整理师，她认为家是很多人心中美好的向往，家既是我们可以放松休息的场所，又是我们恢复能量的私人空间。物品不多，空间不大，但每件物品都有自己的归属地。家里的每个人都有自己独立的空间，这个独立空间既可以默默地疗愈自己，又可以放松自在地休息。一家人其乐融融地共进晚餐，交流白天发生的事，一起嬉笑打闹，一起学习看书，这就是真正的幸福。

过年了，
整理出一个想住的家

于姐是一位大学音乐老师，也是两个孩子的妈妈，每天都很忙碌，即使放了寒假依然有很多事情要处理，大宝要上网课，二宝要学习乐器，这些都需要她去安排，加上年底人情往来、筹备年货，等等，使得她每天都处于被追着跑的状态中。虽然于姐家里一直有保洁阿姨定期过来打扫，但似乎总是"治标不治本"。年关将近，家里还是乱糟糟的，她自己又不擅长整理，更是难上加难。在这种情况下就需要先清楚自己家的空间存在什么问题，然后再对症解决。

凌乱原因

1. 家庭功能分区不明确，没有划分家庭成员各自的使用区域，导致储物空间不合理。
2. 工作忙，没时间整理，不擅于整理，整理方法不当，收纳用品配置不合理。
3. 虽然定期有保洁阿姨来，但只能解决表面的清洁问题，不能从根本上解决收纳困扰。

- -

解决方案

1. 儿童房衣柜
   层板加减法：拆掉左右两侧层板，把长衣区变成更适合孩子使用的短衣区，配合空间格局调配，实现不用进行换季整理的目的。
   配件加减法：更换旧衣杆，增加新衣杆，增加挂衣区，同时保证挂衣承重力。
   收纳用品加减法：选用适合家居小件物品收纳的纸质分隔盒，将两个孩子的袜子、内裤、家居服等进行分类分隔收纳，一目了然且节省空间。

2. 主卧衣柜
   层板加减法和配件加减法相结合：拆掉衣柜左右两侧层板，变成两个短衣区和一个中长衣区；推拉门中间的收纳盲区层板调整为长衣区，解决"塞"进去看不到、不易拿取的问题。

3. 男士衣柜
   配件加减法：拆掉使用率极低的裤架，增加衣杆，从而增加短衣区挂衣量。
   收纳用品加减法：把会让衣服肩膀"长翅膀"的铁丝衣架统一换成超薄防

滑的植绒衣架，保护衣服的同时可以提高空间利用率。

4. 阳台储物柜

层板加减法：储物柜左右分别增加层板，提升柜体利用率的同时可以容纳不同季节、不同大小的鞋。

----

1. 把大人和孩子混在一起的衣服、物品梳理后，实现两个孩子"一人一空间"的收纳目的。

2. 将衣服陈列的同时，集中收纳包，结合五斗柜进行床品及家居小件物品的收纳，实现衣柜、包柜、床品储物柜的多功能折叠。

空间折叠

3. 通过将衣服由堆变挂的方式，男士衣柜瞬间变得仪式感满满，同时增加"储物柜功能"，将所有全新物品、礼盒等集中存储，实现衣柜的多功能利用。

4. 阳台储物柜除了保留原来的鞋存储功能，又增加了家居用品囤货区，纸巾、收纳袋、收纳盒等有了独立存储空间，再也不用"见缝插针"地放到各个卧室去蹭空间，同时预留层板区来满足后续新增物品的存储需求。

儿童房衣柜

整理前两个孩子是共用衣柜的，甚至还会在孩子的衣柜中发现爸妈的外套、包等物品。虽然孩子们清楚地知道自己的衣柜在哪儿，却搞不清楚自己的衣服在哪儿，每天必然会问一句：妈妈，我的袜子呢？日积月累，"母慈子孝"的美好愿景就在日常琐碎的生活中被磨成了"一地鸡毛"。在这种状态下，优先要做的就是让每个人理解一人一空间的理念。建议给已经上学的孩子打造独立的家庭空间，从衣服取用开始逐步建立边界感、秩序感，让孩子知道自己的衣服在哪儿，应该如何独立整理，从而培养他们良好的生活习惯，通过物品管理锻炼孩子的选择力并提高责任感。还有一个问题，于姐曾尝试带着二宝一起做衣柜整理，但由于孩子年龄尚小，需要站在小板凳上才能完成衣服的取用，这对孩子来说有一定的危险性。于是改造整理时在实现两个孩子分别有独立空间（衣柜）的同时，还应实现所有衣物"不换季"的目标，反季衣物在上方陈列，当季衣物在下方悬挂，伸手就能拿到。这样不但妈妈省心，不需要花太多时间去协助孩子们进行换季衣物的整理，而且孩子们取用衣服时再也不需要小板凳啦。

床品

　　于姐家的床品数量之多，让人惊叹。除了有各种不同花色、套系的床品四件套、三件套，还有大量的毛巾、被子，有些是目前常用的更替款，有些却是连包装都未曾打开的礼盒，数量多到大家都开始打趣：于姐不但不用买床品，还可以赶上"地摊经济"的潮流出去摆摊售卖了。

在整理前，衣柜里的所有衣物、床品、礼品混在一起放置，没有对物品进行明确的分类；推拉门中间部分的盲区太大，很多衣服"塞"在里面看不到，也不易拿取；虽然用真空压缩袋收纳衣服看似进行了整理，其实并没有节省空间，反而需要花时间去"抽真空"，衣服纤维还会被破坏。看起来已经满满当当的衣柜，其实利用率不高，使用感不好，没有满足日常取用需求。

先生的衣服比较少，加上主卧衣柜无法满足所有衣物、床品、被子的收纳，男士衣柜自然而然成了家里另一个"储物区"，不常穿的、不常用的物品全部堆在这个看起来质感满满的衣柜里。这么一看，堆是堆下了，却不方便拿取。为了还原男士衣柜空间的仪式感，将原本看似寥寥无几的衣服全部挂起来，才发现竟然有这么"多"。当然这个衣柜的"储物区"功能不能浪费，经过物品的分类，所有床品礼盒和全新毛巾、孩子小时候的衣服、爸妈的纪念性（舍不得扔掉）衣服可以分门别类地安放进来。同样是衣柜和储物区的功能，整理之后的空间利用率和使用仪式感是不是就完全不一样了。

整理前

整理后

储物柜

　　阳台的储物柜全部用来收纳鞋，作为玄关矮柜的"补充"，虽然这是个顶天立地的高柜，却没有放下所有的鞋，空间浪费比较明显。通过增加大量层板，储物柜不但放下了所有的鞋，还新增了储物功能，留出额外的新空间，以备后用。

整理前

整理后

在整理的过程中，各种以往收藏的"宝贝"被发掘出来，孩子小时候的老虎鞋、衣服，上幼儿园时用的床单被褥、哥哥给弟弟 DIY 的鞋，等等，要求将这些物品全部"断舍离"似乎有些残忍。经过空间改造和规划之后，这些物品被逐一贴好标签保留安放。

三个卧室的衣柜、阳台储物柜、鞋柜、药柜经过整理后，原本物品交织混杂的空间，慢慢恢复了原来的模样，看起来井然有序。春节年味正浓，散垂的窗帘、布满灰尘的灯罩自然不合时宜，去掉旧物，鲜花装点，让家呈现出一派喜气祥和的气氛，这才是想住的家。

所谓生活方式，大概就是从此以后不会因为家里凌乱而焦灼不安，也不会因为一堆家务事要做而没有休闲时光；既不会因为网红直播或优惠力度大而盲目消费购买，也不会因为喜欢的东西太贵而将就凑合。我们爱家，也能轻松持家；我们爱家人，但也爱自己。

整理师来了

用专业做整理，
用心做服务，用爱点亮生活，
帮更多人把房子变成家。

张 倩

留存道整理学院北京分院合伙人

IAPO 国际整理师协会理事

资深储物空间规划师

新浪家居认证讲师

各知名企业特邀整理讲师

张倩做整理师之前在一家财富管理公司任职HRBP，负责总部及部分子公司的人力资源工作。辞去工作后，离开了那条"平坦"的柏油马路，反而因为爬得更高，能看得更远，认识了很多果敢、自律、正能量满满的朋友，也走进了众多明星博主、品牌创始人、世界500强企业高管的家，为他们进行衣橱和全屋整理。她说，以前提到家或者房子，第一时间想到的就是"面积够大"，好像只有足够大才能放下更多物品，生活才会幸福。现在首先想到的是舒服。其实很多人拥有的只是房子而不是家，相对于"面积"和所有权，家更应该是"有灵魂和质感"的生活载体。

人的气质

在外显露，家的气质在内整理

案例来了

房屋面积
135 平方米

户型
三室一厅

家庭成员
一家三口

改造区域
衣帽间

莹莹长相清秀，打眼一看就是个安安静静的小女人，恬静中带着智慧，可她家里的景象却让人大跌眼镜。客厅、书房、阳台、衣帽间甚至床上处处可见衣服。莹莹说这个房子几乎成了她和先生的衣服堆积场、情绪的发泄站，导致孩子的生活习惯也非常不好，家庭关系很紧张，时刻会因为生活琐事而爆发。因此她想做一些改变，从整理开始，改善家庭关系。

凌乱原因

1. 家庭所有成员没有秩序感，喜欢随手乱放东西。
2. 虽然在网络平台上学习了一些整理收纳的方法，但不正确的收纳技巧并没有让衣柜整洁，反而更加凌乱不堪。
3. 亲子关系比较紧张，即将上初中的女儿没有秩序感，每天因为找不到东西被家长教训。

解决方案

1. 层板加减法：女主的衣帽间拆掉侧柜的间隔层板，增加短衣区使用高度，正前方层板区保留，用于陈列帽子。男主的衣柜拆掉层板，弃用无效收纳用品，拆掉裤架，将常穿的衣服全部悬挂陈列出来。
2. 收纳用品加减法：换季衣物放进百纳箱，并存储到储物区；所有小件内衣、内裤、袜子分隔放置，避免交叉污染；衣架全部换为节省空间的超薄植绒衣架；减掉伤衣服又占空间的收纳用品和各种鸡肋的"收纳神器"，并将有效的收纳工具放置到合理的空间。
3. 将一家三口的衣服分开放置，并划分出各自的专属区域。
4. 根据家中成员的行为习惯，调整衣帽间动线。
5. 摒弃不好的收纳习惯，使用节省时间和空间的悬挂方法。

女主
衣帽间

空间折叠术：将帽子的收纳、当季衣物的收纳、次净衣区、换季储物区等 4 个功能折叠进女主衣帽间。

男主
衣柜

空间折叠术：将先生的当季和换季衣物、床上用品、包收纳、小件衣物收纳、次净衣区男士物品收纳等 5 个功能折叠进男主衣柜里。

女儿房间

空间折叠术

● 将睡眠、首饰收纳、日用品存储、当季和换季衣物收纳、次净衣收纳等 5 个功能折叠进女儿房间。

整理前

整理后

　　整理中，扩充现有空间是非常有必要的。房价上涨，生活成本和孩子教育经费高，生活中还难免有额外支出……总有些预料不到的事情发生，因此把计划内的事情做完后需要再提升一下自己，这就可以从衣柜扩容开始，合理的空间收纳可以提升衣柜 30%~50% 的利用率。此外，掌握合理的收纳方式，也是在给自己的孩子上素质教育课，让孩子从小就学会自己收纳，培养孩子的自律性。

　　专业的衣柜空间规划 = 省钱 + 育儿 + 教育 + 理财 + 生活小助手 + 审美 + 配搭 + 流行趋势 + 养护！

整理师来了

在悄无声息的工作中破茧成蝶，可以让绚丽的生活绽放精彩！

于芳俪和张俪匀

留存道整理学院北京分院副院长

IAPO 国际整理师协会理事

新浪家居认证讲师

高级衣橱管理师

资深空间规划设计师

曾为百万粉丝微博博主、政界人士、地产大咖、商界名流、明星、金融大师等提供专属服务

　　于芳俪和张俪匀做整理师之前从事过奢侈品营销管理工作，之所以选择做整理师是因为非常喜爱整理收纳。她们的团队成员之前从业于一线奢侈品行业，还有奢侈品御用 VM 陈列师加盟。她们成为整理师后最大的改变是明确地知道了自己想要什么。规划好家中的物品位置，可以从根本上改变家庭凌乱的状态，再加上合理运用空间，拿取及归位简单易行，就能清晰地知道自己拥有多少东西，避免重复购买，最终能够自由地掌控自己的生活。

属于
自己的独立小世界

艾米姐是企业高管，对生活品质和空间秩序有很高的要求。家里还有两个可爱礼貌的宝贝女儿，一个12岁，一个6岁。艾米姐原本想在客厅安置一架钢琴，这样大女儿就有独立的空间来练琴了，但二女儿的玩具和书籍也放在客厅，而且先生还时常会坐在客厅打电脑游戏。玄关没有放置孩子书包和大人包的空间，鞋的收纳空间也不足，物品都堆积在进门的区域。两个孩子的衣物没有空间存放，衣物都叠放在斗柜里，每次找的时候都得抽拉，很麻烦。

案例来了

房屋面积
135 平方米

户型
两室两厅

家庭成员
一家四口

改造区域
飘窗柜、衣柜、书柜、
鞋柜、玄关

飘窗柜

大女儿喜欢在这个小空间里看书，但因为空间有限，只能用收纳盒装书，想看的时候要打开盖子翻找，找不到就会焦虑，于是出现物品随手放的问题。规划后将常用的书籍分门别类放置，淘汰掉过龄的书籍，再根据大女儿的身高进行陈列摆放，方便拿取和归位。这样每一件物品就有了专属空间，孩子再也不用翻箱倒柜地去找了。通过对物品的拿取和归位可以培养孩子的规划整理和取舍能力，并且能够让她在使用过程中不断认知自己、认知世界，懂得处理人与物品、物品与空间的关系，继而达到一种舒适的生活状态。

飘窗柜

解决方案

● 柜体加减法：清空不属于这个空间的物品（摆件、零食、红领巾）。淘汰不合理的收纳用品，增加书柜，书籍按使用频率放置，未拆封的新书分类陈列。

空间折叠术

● 将休息和阅读两大功能区折叠进飘窗区域。

整理前

整理后

次卧杂物柜改成衣柜

　　两个孩子的衣物没有专属空间来收纳。大女儿的衣物放置在房间的斗柜里，二女儿的衣物收在塑料箱里，每次拿取都不方便，经常会被翻乱。因大女儿房间的空间有限，不能再增加收纳衣柜，于是将原来放置大女儿衣物的斗柜改为存放孩子备用学习用品的收纳柜。把家里闲置放杂物的柜子改成陈列两个孩子衣服的衣柜。衣服类的收纳遵循能挂不叠的原则，衣杆的设置根据两个孩子的身高来设定，这样就可以让她们自己挑选衣服了。

解决方案

1. 层板加减法、配件加减法：拆掉4块层板，增加4根衣杆，改造成4个挂衣区，把当季要穿的衣物全部挂起来。

2. 划分区域：将大女儿的挂衣区和二女儿的挂衣区明确规划出来。

3. 收纳用品加减法：内裤、袜子用分隔盒进行分隔式收纳，保持卫生。

空间折叠术

● 将衣物、小件物品的收纳折叠进次卧二女儿的睡眠空间。

书柜

　　书籍收纳空间小，大号的书籍没法存放，只能放置在透明收纳盒里。右边区域堆放的鞋盒、杂物会影响孩子的专注力。应该设置孩子们的专属阅读空间，释放储物空间，增加的书柜的高度应适合孩子的身高。这样二女儿就可以在这个独立的小世界里玩玩具、看书了。

解决方案

1. 柜体加减法：增加书柜，柜体高度与孩子身高相匹配，这样孩子可以独立完成书籍的取放。

2. 清空不属于该空间的鞋、电器、过龄玩具及不合适的收纳箱。

3. 书籍根据使用频率按区域划分，分类陈列。

4. 收纳用品加减法：增加透明收纳盒，收纳小号书籍，方便查找。

空间折叠术

● 将书籍收纳、益智类玩具收纳等功能折叠进儿童书柜。

洗衣房
鞋柜

凌乱原因

因空间浪费，鞋无法全部陈列，有一部分鞋只能用透明鞋盒收纳起来，每次找鞋需要重复整理，费时费力。

解决方案

层板加减法：清空鞋类、杂物，按季节进行换季或淘汰；增加4块层板，按季节、人员使用频率分区摆放。

玄关

凌乱原因

1. 玄关柜没有陈列区，导致包、钥匙等随身物品无法收纳。

2. 抽屉区域的物品没有分类，混放在一起难以寻找。

解决方案

1. 层板加减法：增加3块层板，解决包、口罩、手套、消毒用品、随身物品的收纳问题。

2. 收纳用品加减法：增加合适的收纳盒，分门别类地按物品种类进行收纳并贴上标签，这样易查找、易维护。

空间折叠术

● 将包的收纳、日用品收纳、工具类收纳等功能折叠进玄关区域。

　　这个案例中最重要的是空间的划分，一定要明确各自的归属区域，客厅是大女儿练琴的空间，二女儿房间有独立玩耍区域，二女儿房间的阳台清空后可以给爸爸放置电脑桌打游戏，大女儿和二女儿有了属于自己的衣柜空间，这样大家都能在家中找到归属感。

　　生活中我们常常用不断获取和占有来填补某种安全感和满足感，但生活空间和储物空间应有一个合适的边界。用空间控制物品的数量、用数量控制人的欲望，先出后进，让空间循环利用起来。通过一次彻底地整理，使我们踏出全新的一步，回归整洁，实现轻盈生活、自在人生。

整理师来了

我们都需要时间来提升自我，需要时间来陪家人享受生活，需要一种行之有效的、不复乱的整理术。

木 子

留存道整理学院常州分院副院长

IAPO 国际整理师协会理事

新浪家居认证讲师

空间规划设计师

高级衣橱管理师

木子之所以选择当整理师，是因为整理是自己的爱好，而且她希望在改变自己居住环境的同时能够改变一代中国人的生活方式，帮助更多的家庭摆脱繁杂的家务。作为整理师，木子一开始接触的整理理念是"断舍离"，断＝不买、不收取不需要的东西，舍＝处理掉堆放在家里没用的东西，离＝舍弃对物质的迷恋。在这个理念的指导下，整理就是扔东西，追求简洁和空无一物，但空荡荡的房子似乎少了很多生活气息。也许当时断掉不需要的物品时内心的确很舒爽，但经过一段时间，需要它的时候又得花钱买回来。"留存道"则是留存自有道理，可以在保留原有物品的基础上进行合理规划，给每个物品找到适合它们放置的空间。

妈妈

用整理传递对女儿的爱

案例来了

房屋面积
170 平方米

户型
四室一厅

家庭成员
一家四口（爸爸、妈妈、
女儿、姥爷）

改造区域
女儿房间

小新是个时尚达人，物品很多，拥有独立的衣帽间。她的先生长期在外地工作，半个月回家一次，物品相对较少。小新平时工作比较忙，周末也要陪孩子上课，几乎没有时间收拾整理，衣服经常是怎么找也找不到，重新买了之后，新购的物品又无处安放。女儿是个物品控，零花钱相对自由，文具用品种类繁多，课外班的书籍和用品没有系统分类和规划，导致找不到就继续买，持续循环。姥爷是个居家控，出门必买东西，从来不空着手回家，物品只进不出。家庭堆积的杂物越来越多，客厅的公共区域也被侵占。这就需要一次彻底地整理，划分好家庭每个人的空间，互不打扰、互不越界。

凌乱原因

1. 没有边界感，经常混住，没有形成独立的空间意识。
2. 每个人都没有整理的意识，都是随用随放，不会归类收纳。
3. 没有舍弃，只进不出，物品越积越多。

解决方案

1. 柜体加减法：将闲置的斗柜变成孩子文具的"小仓库"，彻底解决收纳空间不足的问题。
2. 彻底分房，保持界限，划分各自的独立空间。
3. 根据孩子的学龄筛选不用的书籍，丢弃坏掉的学习用品，集中收纳，减少视觉干扰。
4. 清空书桌台面，恢复书桌的原始功能。
5. 收纳用品加减法：舍弃不合理的收纳用品，更换合理的收纳用品。

书桌

书桌背对房门放置，妈妈说话时，女儿需要扭转多半个身体。书桌上堆满了各种书籍和文具，下方的抽屉也是"惨不忍睹"。结合空间布局和使用的便捷性等综合因素，考虑调转书桌位置，让孩子一抬头就可以和妈妈直接沟通，还能让整个空间变得更大。

卧室小床

爸爸因为工作经常出差，女儿大部分时间和妈妈一起睡，自己房间的床基本处于闲置状态，床上堆满了大大小小的杂物。这就需要把混乱的物品一点点区分开来，让孩子拥有一个自己的独立空间。

文具柜

女儿爱好书法和绘画，因此文具特别多，但是书桌不具备收纳功能，需要增加抽屉。新增 2 组五斗柜便可以解决这个问题，一共 6 组柜子，分别收纳孩子的绘画彩笔、手账，规划好以后，用标签做好标记，保证使用时能快速找到自己想用的物品，并且在使用后能快速归位。此外，需要对文具进行筛选分类，不出水的和坏掉的笔、用过的笔记本、已经干掉的水晶泥、不适龄的玩具都扔掉。

整理前

整理后

在整理的过程中，妈妈非常尊重孩子的意见和感受，她在尽自己所能给孩子创造最好的家庭环境，使自己成为孩子学习道路上的坚强后盾。而女儿在学习折叠内裤和袜子的时候，自言自语地说："以后这些活我来干，我妈妈的这些东西都交给我了。"妈妈对孩子这种全然付出的爱，又回流到妈妈身上，真好！

整理师来了

整理，助力我的生活；
整理，让我的生活多了无数个可能；
整理，让我增加了生活的智慧。

刘 浏

留存道整理学院安康分院合伙人

IAPO 国际整理师协会会员

高级衣橱管理师

已为近百户家庭提供了整理服务

二胎的意外到来，使得刘浏家的生活物品暴增。由于前期没有规划太多空间，刘浏这个与生俱来有收纳意识的巨蟹座女生也变得束手无策，每天为了保持环境整洁而耗费大量的体力。2017 年在网上看到整理师这个行业，刘浏力排众议，参加了培训。三年的实践，以及对自己家庭的整理收纳，她的工作效率、生活统筹能力、亲子教育水平都得到了很大提升，有了更多时间陪伴孩子。因为热爱整理，自己也从整理中受益，她决定成为职业整理师。每次帮助客户还原一个整齐温馨的家、给小朋友创造一个充满爱的家的时候，满足感和使命感都使她立志要做有温度的整理师。她说，整理在助力她的工作和生活，整理为她打开了外面的世界，让她看到更多美好的事物。她想要的美好都来到了自己身边。

整理是一把钥匙，

打开孩子封闭的心门

梓源是一个高一男孩，妈妈和爸爸离婚后妈妈再婚，梓源几年来都是跟着外公外婆同住，妈妈忙于生意，偶尔才会回来住上一晚，顺便看一下孩子。

妈妈说，孩子经常关着门不见她，也不知道他一天在房间里干什么，高一刚上几个月，因为不适应便休学在家。不用说，孩子的房间是很凌乱的，甚至书桌上的面包已经发霉。除了凌乱，书桌的摆放位置也不合适，书桌旁边就是房门和卫生间门，椅子横在房间中间，让整个空间看起来很拥挤。孩子的衣柜里塞得满满的，沙发上也堆了不少衣服。衣柜上还挂着好几块奖牌，妈妈说，孩子曾经非常优秀，经常代表学校和市区去打篮球比赛，获得很多奖，后来因为受伤，才离开了赛场。慢慢地，孩子变得有些颓废，跟妈妈也疏远了，连最亲近的外婆也不让进房间，还特意在门上贴了一个纸条：进屋请先敲门。

案例来了

房屋面积
180 平方米

户型
四室两厅

家庭成员
一家四口（妈妈、上高中的儿子、外公和外婆）

整理区域
儿子房间

凌乱原因

1. 书桌摆放位置不正确，安置在卫生间门和房门旁边，不符合孩子安静学习的要求。
2. 书桌上很多东西混杂放置，还有个多余的台灯，有一定安全隐患。
3. 衣柜格局不合理，悬挂区很少，因装不下太多衣服，就往沙发上堆。备用床品没有合适的收纳区，随意堆在沙发和闲置木花架上。
4. 代表孩子曾经辉煌和荣誉的奖牌、孩子喜爱的手办被淹没在房间的杂物里。

1. 将窗前的衣柜和门口的书桌互换位置，利用书桌新位置与窗台的空隙放行李箱。
2. 层板加减法＋配件加减法：拆掉衣柜里的层板，通过增加衣杆扩大悬挂区，将衣服分类挂起来（春秋衣服区、长裤区、冬服区、短裤区），减少折叠，方便孩子取放衣服，且不易复乱。
3. 改造闲置木架，变成次净衣区，让沙发不再堆满衣服，恢复其原来的功能。
4. 收纳用品加减法：采用百纳箱成套收纳孩子的床品，采用小收纳盒收纳孩子的内裤、袜子等小件衣物。

将孩子的学习区设置在房间光线最充足、最安静、最适合学习的位置，衣柜整体挪到原学习区。将睡眠、学习、衣物收纳，招待朋友等 4 个功能折叠进卧室。

房间整理前

房间整理后

书桌位置整理前

学习区设置在门边，
容易影响孩子的学习

用 3 个百纳箱把孩子的备用床品分类收纳起来，
闲置木花架改造后变成次净衣悬挂区

书桌位置整理后

书桌整理后

曾经的光荣与梦想，
将会激励孩子继续前行

衣柜整理前

将四季的衣物全部分类挂起来，
再也不用担心找不到衣服了

衣柜整理后

　　梓源看到自己房间的整理现场，先是一怔，接着就积极投入到整理中，快速取舍自己的物品。只用了一天的时间就创造了一个整洁、有序、宽敞的房间。他说，这下他可以邀请好朋友来家里玩了。说这话的时候，他的眼睛都是笑的。之后梓源的房门也不怎么关了，妈妈跟他也有了更多的交流。妈妈也反省了自己，确实很长时间疏忽了孩子，以前只是一味地指责他，如果不是因为这样一次整理，她可能永远不会在自己身上找原因，也不会了解孩子内心的真实想法。整理，不过是一把钥匙，让母亲可以轻轻地打开孩子封闭的心门。

整理师来了

期望可以为更多的
家庭带去美好的生活空间

纾瑄

留存道整理学院文山分院合伙人

留存道认证亲子整理讲师

IAPO 国际整理师协会理事

高级衣橱管理师、高级空间规划师

新浪家居认证整理讲师

为近 100 户家庭提供了整理服务

纾瑄是两个孩子的妈妈，在学整理之前，辞职在家带孩子整整五年。五年的时间消磨了纾瑄的激情，她变得沉默了很多，特别让她崩溃和无助的是小宝三岁了都不开口说话，这一切让她和先生的关系变得紧张起来。一次偶然的机会，42 岁的纾瑄成了整理师，之后她整个人都变了，小宝也慢慢会讲话了，而且可以把自己的物品管理得很好。纾瑄深刻体会到父母的积极向上、家庭环境的井然有序对孩子成长的深远影响。随着服务家庭数量的增多，她越来越发现儿童空间的规划整理对孩子的重要性，不论孩子多大，父母如果懂得一点空间规划的知识，意识到家庭环境对孩子成长的重要性，并力所能及地帮孩子规划属于他们的空间，那会是给孩子的一份珍贵的成长礼物。

一份
特殊的生日礼物

案例来了

房屋面积
150 平方米

户型
三室两厅

家庭成员
一家四口

整理区域
衣柜、衣帽间、哥哥卧室、书房、客厅阳台、厨房 、卫生间

董小姐有个幸福的家庭，她负责全家的日常起居生活，闲暇时间爱好看书，打理着一家儿童绘本馆。她有两个儿子，大儿子初中上寄宿学校，喜欢足球，小儿子上小学。爱买是妈妈们的普遍现象，董小姐同样是购物达人，从衣服、食物到生活用品再到学习用品买了很多，堆积在家里，无不显现着供大于求的问题。因为爱整洁，她平时会学习整理收纳的相关知识，但家里的柜子空间格局不合理导致凌乱问题突出，这已经不是学一些整理小技巧和盲目购买收纳用品就可以解决的了。因为马上就到先生的生日了，她想将这次全屋整理作为一份特殊的生日礼物送给先生。

主卧衣柜和衣帽间

凌乱原因

1. 空间规划不合理，全家人的衣服除了放在主卧衣柜、衣帽间、次卧衣柜，还会放在沙发上、玄关和书柜里。

2. 柜子格局不合理，层板较多，有一个衣杆位置特别高，拿取衣服需要来回搬梯子。

3. 边界不清晰，每个人没有固定位置放衣服，先生的部分衣服放进了书房的柜子里。

解决方案

1. 重新进行空间规划：每个家庭成员的衣服全部陈列出来放在固定位置，先生和小儿子的衣服放在主卧衣柜，衣帽间由董小姐自己来使用，这样找衣服就不再是一件烦心事了。

2. 层板加减法、配件加减法：清空衣柜和衣帽间里所有衣物，拆掉主卧衣柜原有的抽拉裤架、多余的8块层板，将最高处的挂衣杆降低，把原来的3个挂衣区改造成6个短衣区，把先生和小儿子的除厚羽绒服外的所有衣服挂出来。董小姐的衣服以短衣为主，因此拆掉衣帽间下方的3块层板，变成4个短衣区，保留原有的长衣区作为全家长款衣服的集结地，这样就不需要浪费时间叠了。

3. 收纳用品加减法：所有小件内衣、内裤、袜子用抽屉分隔盒收纳，整齐又卫生。过季较厚的羽绒服和棉衣等衣物、全家所有暂时用不到的床品、度假类以及收藏类衣物收在百纳箱里，放在主卧衣柜以及衣帽间上方。

空间折叠术

● 将睡眠、当季衣物收纳、小件衣物收纳等功能折叠进主卧衣柜区域。

大儿子
卧室

凌乱原因

平时大儿子住校，卧室衣柜零星挂着几件衣服，上下床上堆积着床品和杂物，书桌上的书籍、学习用具散落在各处。

解决方案

1. 层板加减法、配件加减法：男孩子的长款衣服较少，可以拆掉衣柜原有的层板，增加衣杆，将原来的一个中长衣区改造成两个短衣区，把衣服全部挂起来，这样找衣服就不用麻烦大人了。

2. 收纳用品加减法：把过季衣物全部装进百纳箱，放在衣柜上方。

3. 对其他物品进行筛选、分类，根据使用频率，书桌上仅保留必备书籍、文具，其他则分门别类地放进上下床抽屉内。

空间折叠术

● 将睡眠、当季衣物收纳、小件衣物收纳、学习区等功能折叠进大儿子卧室区域。

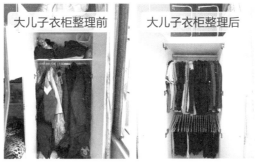

书房

凌乱原因

1. 柜子较深，容易在书籍陈列区前随手放置杂物。

2. 书房内的物品种类繁多，从衣物、学习用品、玩具、书籍、证件奖章到相册、字画、旅行纪念品，应有尽有，但每次都是哪里有空间就往哪里塞，之后完全不记得放在哪里，每次找东西都要搬来梯子将每个柜子翻一遍。

3. 囤积的学习用品数量多，可能未来三年不买都用不完。

4. 书籍分类不清晰，大人和孩子的书混放。

解决方案

1. 对物品详细筛选分类，将每一类物品的位置固定并贴好标签。因柜子较深，可保留原有抽屉，分类放置物品。这样可以通过标签找到想要的物品，节省时间和精力。

2. 清空学习桌面，仅保留少量必备物品，避免因杂物过多而分散注意力。

3. 对书籍进行分类整理，放置在层板靠前位置，避免留空导致随手乱放。

空间折叠术

● 将阅读区、学习区、不常用物品收纳区折叠进书房区域。

细节图

书房整理前

书房整理后

客厅和阳台

凌乱原因

客厅是家庭的公共空间，但沙发和茶几桌面却被衣服、杂物占满。整理前的阳台柜被闲置的衣服、杂物占据，而鞋只能堆在地上，导致柜门都打不开。

解决方案

1. 收纳用品加减法：用拉篮对客厅物品进行分类整理，客厅仅保留公共物品，还原客厅原本的功能。

2. 层板加减法：增加层板，淘汰废旧的衣物、鞋盒、杂物，重新改造阳台柜，将原本堆在地上的鞋全部陈列出来。

空间折叠术

● 将家庭活动、鞋和公共物品存放等功能折叠进客厅、阳台区域。

厨房

凌乱原因

1. 台面物品堆积较多，操作空间有限。
2. 柜子内的食品、调料、锅具、清洁用品、消耗品混放在一起，没有固定位置。

解决方案

1. 根据物品使用频率以及使用者的使用习惯重新规划动线，确定物品位置，实现厨房的整洁有序和物品的取用方便。
2. 配件加减法＋收纳用品加减法：充分利用墙面空间，装上锅盖架、洞洞板、菜板挂钩等，让能上墙的物品上墙，柜子内增加收纳罐、分隔盒等，将食品和器具分类存放。
3. 层板加减法：增加吊柜层板，从而增加储物空间，将杯子、茶具等全部陈列出来。

空间折叠术

● 将备餐、做饭、食物器具存储等功能折叠进厨房区域。

卫生间

凌乱原因

1. 卫生间台面物品堆积严重，不易清洁打扫，极易滋生细菌。
2. 清洁用品、卫生用品没有分类，且放在柜子深处容易被遗忘。

解决方案

1. 配件加减法：将原本堆积在台面上的清洁用品、工具等利用合适的墙面收纳架上墙，仅保留少量清洁洗护用品在台面上，这样可以保持台面干燥整洁，而且便于打扫。
2. 层板加减法：台盆柜下方通过增加层板来扩容，利用分隔盒对物品进行分类，这样便于拿取，看上去也不会乱糟糟的。

空间折叠术

将如厕、洗漱、沐浴、护肤品收纳，清洁用品和工具收纳等功能折叠进卫生间区域。

　　在整理的过程中，董小姐时不时地发出感叹："原来这个在这里呀，我找了很久都没有找到！"整理后的家，每一个角落看起来都是干净整洁的，这份送给先生的生日礼物非常珍贵也非常超值。孩子们开心地说，好像变了一个家！

做一个专业而有温度的整理师，坚定且真诚！

王丽娟

留存道整理学院青岛分院合伙人

IAPO 国际整理师协会理事

韩国 KAPO 一级整理收纳专家

四年上门整理服务经验，为 200 多户家庭
提供了整理服务

各知名企业特邀整理讲师

王丽娟于 2017 年开始接触整理，最初只是为了能够了解不同家庭的居住现状，曾为几十个客户提供免费整理服务，只要能够去客户家里，哪怕再远再累她也不觉得辛苦。通过上门实践以及学习不同体系的整理收纳课程，王丽娟踏上了职业整理师的道路。在上门服务中她发现，在原有格局下做整理不能完全解决客户的问题，似乎跟家政没有太大区别，所以她选择了从空间规划入手的留存道整理学院继续学习，之后她走进了更多家庭，把他们凌乱的家变得井井有条。

整理
让家成为一个全新的居所

月月一家三口过着幸福的生活，在小宝宝没有降临之前，为了满足大量衣物的存储需求，她特意将一间卧室设置成衣帽间，但这里还承担了部分储物间功能，导致空间凌乱不好整理。改造后采取悬挂为主的方式收纳衣物，这样可以快速恢复空间的整洁。再按照动线合理分类分区，将衣物都悬挂起来，可以更好地体现这个家的品位。

案例来了

房屋面积
160 平方米

户型
三室两厅（其中一室改为衣帽间）

家庭成员
一家三口

改造区域
衣帽间

凌乱原因

1. 衣帽间设计不合理：衣物较多，鞋包较少，没有按照各类物品的数量做空间规划。
2. 规划不合理：有质感的衣物没有足够的悬挂区，导致衣服出现很多压褶痕迹，需要专业维护。

解决方案

1. 层板加减法：对衣物悬挂区的鞋区、包区重新规划，增加层板，优化使用空间。
2. 配件加减法：裤架、配饰格等配件过多且切分了空间，使用动线被弄乱，改造时要拆掉鸡肋配件；衣杆出现承重问题，需要全部更换，让使用者更安心。

空间折叠术

将四季衣物、鞋包收纳等功能全部折叠进衣帽间。

整理前

整理后

各种品牌、款式的毛衣没有很好地进行分类，整理时按照品牌分类。原来的多层层板区进行相应的空间改造，改成悬挂区。原有柜体内的穿衣镜安装在另一侧空间，减少使用步骤，优化使用体验。

案例来了

房屋面积
210 平方米

户型
三室两厅

家庭成员
夫妻二人

改造区域
衣帽间

　　娜娜和先生有很好的收纳习惯，但两人的工作非常忙碌，加之经常去全国各地出差，每次回来后行李箱不能及时归位。空间改造后，衣物悬挂起来，给两人创造独立的出差用品区域。将相应小件物品的位置固定，就不用再为找东西而浪费时间了。

凌乱原因

1. 衣柜设计不合理，导致先生的衣物只能堆叠着放在层板区。
2. 没有合理利用多宝格空间，导致很多空间被浪费。
3. 包和饰品都藏在包装盒内，不方便搭配。

解决方案

1. 层板加减法：重新规划衣物陈列区，增加悬挂空间，优化使用空间。
2. 配件加减法：裤架、领带架等配件过多，可将鸡肋配件拆掉。

整理前

整理后

　　整个家经过合理的规划，呈现出了舒适宜居的样子。收纳这件事可以帮我们节省很多宝贵的时间，还可以让我们在家中自由地拿取物品，让家成为一个在视觉上拥有更大空间，在触觉上更好地展现物品良好质感的地方。家不再只是房子，而是更加适合自己居住的场所。

整理师来了

尽力将细节做到极致，
优化每一次流程和空间，
让家里的每一平方米焕发出光彩。

吕苓白

留存道整理学院西安分院副院长

IAPO 国际整理师协会理事

新浪家居认证讲师

致力于改变家居生活理念

让整理收纳理念进入更多中国家庭

吕苓白很早就开始接触整理收纳，从最初的《断舍离》到《怦然心动的人生整理魔法》她都学习过，后来发现这样的整理法无法更好地处理空间、物品、人三者之间的关系。人们也不能全然接收极简、断舍离、丢弃大量物品等理念，于是她决定学习更符合中国人的整理收纳方法。她可以针对客人的物品特性、收纳习惯做出符合他们风格的解决方案，同时以空间规划改造、部分软装搭配及使用物品动线规划来进行全局纵观整理。吕苓白致力于将整理收纳理念传播给更多的人，让人们对家的想象更具象，从而改变中国人的居家环境，使其住起来更舒适。

以爱
为名的整理

房屋面积
126 平方米

户型
三室两厅两卫

家庭成员
一家三口

改造区域
衣柜

宝儿是一名"90后"女孩，阳光活泼、开朗爱笑，喜欢小宠物，喜欢哈利波特。她一直跟妈妈一起居住。前不久，宝儿的妈妈生病离世了，她舍不得丢掉妈妈的东西，但也不知道如何妥善保存。妈妈的房间有 15 平方米，放置着古色古香的中式卧床，黄铜销子的中式衣柜，全柜体没有一颗螺钉，每一处连接都是榫卯工艺，并且纵横交错。这个衣柜有很多支撑结构的木梁，无法改变柜体结构，只能通过合理规划将空间做到最大化利用，将宝儿妈妈的衣物全部收纳妥当。

凌乱原因

1. 衣物无分类地混装在收纳袋里，甚至很多衣物团在一起塞进袋子或箱子里，导致衣物被挤压出褶皱。
2. 电子产品、票据、香皂、钱币、发饰、鞋等原本不属于衣柜区域的物品混放在一起。
3. 中式柜体结构不便于使用，柜门是黄铜销子形式，开关不便捷；柜体上部没有储物空间，柜体下部是暗格结构，需要通过打开柜门抬起四块盖板才能拿取相应位置的物品；功能区设计不合理，四开门中只有一组对开门可以悬挂中长衣物，其余柜体无层板、无衣杆；整个柜体内外存在很多纵横交错的承重梁，无法移动。

解决方案

收纳用品加减法：在左边靠内的一组无悬挂区的柜体内全部放置百纳箱，底部暗格和上部两个较小的空间放置原有的软收纳袋。

层板加减法：抬起一块暗格盖板，改造出一个完美的长衣区，并且对衣物进行分类。这样就可以挑选一些旗袍悬挂出来，进行展示。这个挂衣区还可以悬挂衣物，供爸爸偶尔使用。

空间折叠术

将衣物留存、衣物展示、床品收纳、证件等小物品留存、包帽收纳、预留临时居住成员的衣物悬挂区 6 个功能折叠进中式衣柜。

整理前

整理后

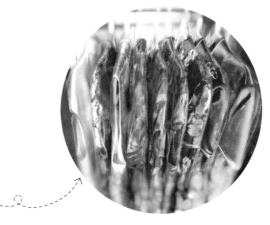

　　宝儿看到妈妈的衣物如此整齐有序地排列，瞬间红了眼眶说："当我想妈妈时，可以打开衣柜看看这些妈妈曾经穿过地带着她味道的衣物。"这次整理的不仅是一个衣柜，还是一个女儿对妈妈的思念和对未来的美好愿景。每一件物品都承载着曾经的一段回忆。"留存"并不是"囤积"，而是珍惜和接纳，接纳人生中的种种不如意，接纳不完美的生活。因为流经我们人生岁月的种种都是修行……

整理师来了

人生仅一次，
生活不将就！

王 薇

留存道整理学院银川分院合伙人

IAPO 国际整理师协会理事

为近 50 个家庭提供了规划整理服务

知名企业特邀整理讲师

王薇在一家央企从事客户服务工作，业余时间还做舞蹈助教工作，工作和生活已经处于满负荷状态，但她仍然义无反顾地选择当一名兼职整理师。在学习了留存道的课程后，她学以致用地将自己和家人的衣柜做了整理，在使用了半年后，家里的衣柜依然井然有序。全此，她决定帮助更多的朋友从凌乱的居家环境中解脱出来。王薇深刻地体会到在整理物品时，更多的是对自我状态的梳理，而"规划安排"和"分类管理"这样良好习惯的养成，能够大大提高做事的条理性和效率。历时三年，王薇利用休息日陆续帮助近 50 个家庭进行空间规划及改造整理。她说每当工作结束后，看着井然有序的空间，就有一种酣畅淋漓的痛快感。因为热爱所以坚持，因为有效所以推荐。

第五章

大户型造就整理的格局

CHAPTER

5

精致

可以通过整理来实现

案例一　优山美地衣帽间

优优是一位能将事业和家庭兼顾得很好的女性，但就是无法解决衣柜的整理问题。她常常找不到衣服，总是费半天劲才能挑出自己想穿的衣服，看着堆满衣服都快认不出来的沙发，看着偌大的近 50 平方米的衣帽间，看着挂满各种连衣裙的挂衣架，总是一筹莫展。

其实，这个问题的关键是衣柜内部空间结构不合理，导致 60% 以上的空间被浪费或没有合理使用。拿取比较方便的区域虽然增加了两组双排挂衣架，但常穿的款式没有放在这里，而是堆在沙发上。将近 300 件衣服，大多数为牛仔裤、卫衣、帽衫、T 恤，这类衣服便是收纳和陈列的重点，应放在自己方便拿取的位置，除了这几类衣服，运动衣的数量也特别大，有 200 多件。结合优优在家里的固有动线，将衣柜的布局调整为：出洗手间后，左手边第一个衣柜内放置的是内衣、内裤及家居服；右手边第一个衣柜存放的是运动服；往前走两步可以取袜子和牛仔裤，牛仔裤左边柜子为帽衫，右边柜子为卫衣。因整理时北京是三月初，所以容易拿取的位置放的是卫衣和帽衫，如果是夏季，可以把 T 恤和帽衫的位置对调，当然如果不对换位置的话，T 恤就放在运动服对面的位置，拿取也非常方便，能够快速完成整套衣物的搭配，穿好就可以走到梳妆台化妆，从梳妆台往右侧走两步为首饰柜，最后到包柜选一个和当天搭配的包便能立即出门了。

案例来了

房屋面积
3000 平方米

户型
别墅

家庭成员
一家四口

改造区域
衣帽间

优优的 vintage 胸针非常多，需要按照胸针
的材质、款式、形状等做陈列，比如某一格
放置珍珠款胸针，另一格放置双 C 标志的胸
针，挨着的一格都是琉璃的胸针，紧接着是
熔岩工艺的胸针……

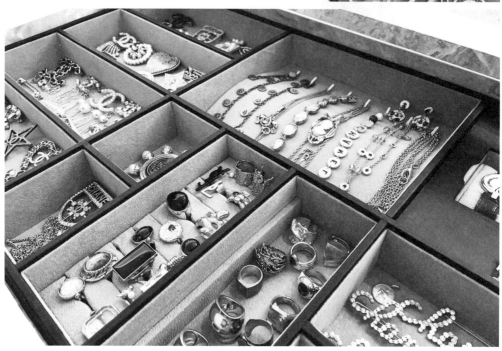

案例二　中海枫丹公馆

她是一位独立服装设计师，她是一位大收藏家，她的内在和外在都体现着两个字：优雅。她就是私席品牌的创始人：蓓姐。

她的家就像一个 vintage 首饰的博物馆，一个家具博物馆，每一个灯具、每一个摆件、每一个餐具、每一个杯子……美得不可方物。相信每个去过她家的人都会在任何一个角落驻足、欣赏、感受。

蓓姐是 1 月中旬搬的新家，需要进行搬家整理。她的衣服量特别大，外穿的成衣就有近 3000 件。蓓姐家的整理分为两部分：首先是衣服类，单独区分了日常款和 vintage 款；其次是包类、帽子类、鞋类、饰品类。在整理的过程中有几个地方需要特别注意。

1. 包柜采用增加层板的方式来达到最美的陈列效果，并且尽量将包全部展示出来。同时为了保护包，每一块层板上都贴了带背胶的植绒布，这样可以达到防磨、稳定的效果。

2. 利用门后的墙面空间陈列腰带，不仅方便易找，还可以避免腰带变形。

3. 准确区分羊毛质地和羊绒质地的服装，在有限的空间下，不能让全部衣服悬挂起来时，选择适合的衣服叠放，为未来买新的衣服预留足够的空间。

整理前

整理后

整理师来了

我要做整理师中的"福尔摩斯"。

林 琳

留存道生活方式研究院院长
IAPO 国际整理师协会理事
留存道首席整理导师、服务总监
多家地产楼盘特聘收纳顾问

　　林琳在做整理师之前，是当时中国某个互联网公司的高管助理，两年的工作时间为她之后做整理积累了很多宝贵的经验和资源，也在老板的家中第一次接触到整理师这个职业，她便对此产生了浓厚的兴趣。2016 年 10 月，林琳结束了这份助理工作，投入到整理师的行业中。

　　作为整理师，林琳心中的家需要具备两个因素：充分的关心和温柔的边界感。

　　讲一个"充分的关心"的故事。主人公是一位 80 多岁的"元勋"级人物。老爷爷学历高，社会地位高，但非常节俭。穿在衬衫里面的背心不是发黄就是有很多小洞。这一方面让人感慨老一辈勤俭节约的美德，另一方面又很心疼他，儿女因为忙，难以将这些细节一一照顾到。在偷偷把老人太破的衣服扔掉的同时，林琳告诉他的女儿，该给老人补买什么款式、什么尺码、什么颜色的背心和袜子，然后把新衣服、新袜子洗两次，不那么新了，再偷偷给老人补上。这就是"充分的关心"，关注身边人的需求，并用他们能接受的方式去爱他们。

　　再举一个"温柔的边界感"的例子。家应该是一个充电站，整理可以让这个"充电站"变得更温馨、更美好，但在整理的时候一定要有边界感。家里既有共同空间，也应该有属于各自的领域，互不侵犯、互不打扰，也不必强迫他人必须按照自己的标准来整理物品。这样，既能保证自己的物品有一个良好的收纳状态，又不会让共同生活的人在高标准整理的强迫下感到不舒服。每个人都会有压力，可能有搞不定的客户，有推进不了的工作，难免会产生一些负面情绪，这个时候，家就相当于一个充电站，在这个地方，我们可以给自己及时充电，然后元气满满地去迎接新的一天。

林琳在做整理师的过程中，遇到过不少有趣的故事。

故事一：一直忍让的男主，终于有了自己的专属衣柜

小许家有一个不算小的衣柜，但其中属于先生的空间也就十分之一。家里东西乱放的时候，先生的"领地"更少，甚至没有一个自己的格子。所以这十分之一"领地"，先生不想再"退让"了。通过规划，林琳给先生开辟出一个专用的衣柜，有了自己的专属衣柜后，先生一下子觉得有了边界感。不管空间多有限，都应该有属于自己的一块领地。

故事二：从快消品到爱马仕，统统都留下

小胡因为姐姐马上要来家里做客，需要紧急把家收拾一下。她家里的衣柜加起来十几平方米，堆的全是衣服。这些衣服从几十块钱一件的快消品到几万块钱的名牌都有。而在筛选衣服时，即使是那些便宜的衣服她都不想扔。于是，通过重新规划衣柜格局和房间格局，不仅留下了大部分衣服，还腾出了更多的空间。好的整理，不是靠"扔扔扔"换取更多的空间，让家里"显得"整洁，而是通过合理的规划，留下更多想要的心爱之物。这也是避免浪费的一种方式。

故事三："小黑裙"客户，成为她整理生涯的转折点

"小黑裙"是一位著名演员的朋友，她是一位艺术家，在交谈中多少能感到她带着艺术家的傲气。估计很多人觉得，整理应该是越来越整洁，根本没想到整理的第一步是把东西全都摆出来。在第一天整理的下午，她临时回家取晚上宴会要穿的礼服，看到家里"爆炸"一样的场面，尤其是几件高定礼服也和其他衣服混在一起时，整个人都要爆炸了。这个时候整理师需要尽快冷静下来，安抚她的情绪。林琳找到她情绪稍微缓和一点的契机，抓住非常短的时间，用两句话解释清楚为什么现场是这个样子的，接下来会怎么做。经过一段时间的沟通，她的情绪稍微平复了一些。至少她知道，这件事是可以解决的，再加上她说晚上要穿一件小黑裙，林琳立马帮她在分类好的衣服堆里找到了，让她看到，当下的"混乱"不是真正的混乱。

虽然客户生气时可能都会发脾气，但林琳还是从话语中观察出客户对自己礼服的分类逻辑。常规整理连衣裙时，大多数会区分成日常款和礼服款，再细分就是按照款式分成有袖的、无袖的、吊带的、长的、短的，但这个"小黑裙"客户的区分逻辑却是穿着场景。因此林琳按照场景重新规划衣柜，例如一号柜是参加舞会的，二号柜是参加晚宴的，三号柜是参加时尚盛典的，等等。按照这样的类别挂好，把每一个衣架间距都调整一致，等她回来打开衣柜时，完全惊呆了。

以前整理用的都是常规方式，就是按照衣服的外观类型来分类，虽然不会出什么错，但没有更深一层地站在客户的角度去考虑整理需求。这次事件是一次转折，让林琳认识到整理需要更多地从客户的角度出发，理解他们的深层次需求。

妈妈，
我什么时候能在这个餐桌上吃饭

楠姐说："我就是喜欢买买买，不仅是服饰、包、鞋，只要好看的物品我都会买。如果不让我买买买，我就觉得自己的生活失去意义了。"于是她家的物品越积越多，导致无从下手收拾。

案例来了

房屋面积
200 平方米

户型
三室两厅两卫

家庭成员
一家五口（夫妻 + 三个孩子）

改造区域
全屋

凌乱原因

1. 物品交叉严重，储物空间不足。
2. 空间分区不明确，物品随处乱放。
3. 购买力极强，物品量超出了储物空间的容量。

- -

解决方案

1. 柜体加减法：增加带有储物功能的柜体，如餐边柜、包柜、儿童玩具柜，明确每个功能区。
2. 层板加减法、配件加减法：对柜体内部格局进行改造，如拆掉衣柜的层板，增加挂衣杆。
3. 收纳用品加减法：如餐边柜增加收纳盒、衣柜增加百纳箱等，以此做到明确分类。
4. 用空间管理的方式让家里的每个成员管理好自己的物品。
5. 用最大的储物空间来限制储物容量，用物品量来控制购买的欲望。

- -

空间折叠术

餐厅：将就餐，餐具、保健品、药品、零食、酒水、纸巾等消耗品的存储，家庭影厅等功能进行折叠。
衣帽间：将衣柜的所有收纳、玩游戏的书房和女主的化妆区等功能进行折叠。
儿童房：将孩子的衣柜和玩具收纳等功能进行折叠。

女儿问，妈妈，咱们什么时候才可以在这张桌子上吃饭呢？

就因为这句话，楠姐决定对全屋进行一次改造。这种拥挤的状态在她家持续了将近 7 年，餐桌被一点点堆满，逐渐失去了它原有的功能，吃饭渐渐地挪到了茶几上。然而茶几上也是满的，到处都是杂物。根据这种状况，可以在餐边柜旁边增加一组高柜子，一共分成 3 组柜子，分别放药品、食物、烟酒、日用品、消耗品、工具等，同类物品集中收纳，空间规划好之后，就不会有复乱的问题了。就这样，他们终于可以在这张餐桌上吃饭了，小朋友的脸上洋溢着开心的笑容。

整理前

整理后

衣帽间简直是大型衣物存储仓库，衣柜都被塞爆了，还有不少衣服被堆在地上、置物架上。楠姐说因为老是找不到衣服，不得已就不停地买衣服，现在穿的衣服就是可见范围内的那几件。包就像孩子们的玩具一样，餐桌上、沙发上、衣柜里随处可见，加起来一共有 100 个。其实，这个衣帽间仅能容纳楠姐一个人的所有衣服以及床品、小件衣物等。包需要挪到卧室的一堵墙上进行收纳。楠姐先生的衣服则需要放在家中的另外一个衣柜里。衣帽间需要进行大范围改造，首先在落地窗区域增加顶天立地的挂衣杆，其次把进门区域的门拆掉，在这一面墙上增加两根挂衣杆，最后将一部分不常穿的衣物收纳在储物柜的百纳箱里。

整理前

整理后

**儿童房
玩具柜**

　　楠姐家的儿童房是典型的中国式儿童房，把玩具全部塞在几个大筐里，孩子们的玩具用这样的方式收纳的后果就是，找不到、看不见、放不下，他们不知道要去哪里找想要玩的玩具。

玩具整理的公式	=	通过合理的空间规划	+	匹配合适的收纳容器	+	分类	+	整理归纳	+	定位

整理前

整理后

**儿童房
衣柜**

　　楠姐家有三个孩子，他们的衣服都被放在客厅一面墙的置物架上，因为比较高，孩子们自己没办法拿到衣服，都需要楠姐帮忙拿。在这种情况下，整理师把原本在儿童房里装杂物的衣柜重新利用起来，挂两位男宝宝的衣服，有300多件，这样挂在下层衣杆上的衣服孩子自己就能拿取、归位。

在儿童房增加两个高衣柜来收纳姐姐一个人的衣服，这样漂亮的公主裙都能挂起来，可以自由挑选，审美意识从这里就可以培养出来了。小姑娘打开衣柜说："哇，我的衣服原来都在这儿，好漂亮啊！"紧接着迫不及待地挑选了一条裙子穿，十分开心。

客厅置物架上
堆积的儿童衣服

整理前

整理后

　　每个人的生活方式不一样，没有好坏之分。楠姐喜欢买买买，买一切她喜欢的物品就是她的生活乐趣。断舍离在她这里是完全行不通的，唯有用留存道的空间管理术才能做好整理。为什么留存道适用呢？因为一不强迫扔东西，二通过改造空间内部格局让物品放得下，三让所有物品看得见、方便取用、易复位、不易复乱。这样不用扔东西，只要创造空间，做好空间规划，将所有想要留下的物品全部收纳进去，就是成功的整理方式。当所有物品一目了然地呈现在面前时，你会看到已有的物品数量，首先可能会惊讶，其次就会学着用空间来限制物品购买的数量，渐渐地也能用物品的数量来控制自身欲望了。

整理师来了

整理，让我重获新生！

吕文婷

留存道整理学院东莞分院院长

IAPO 国际整理师协会理事

东莞广播电台特邀整理师嘉宾

东莞各大商会、学校特聘整理生活讲师

吕文婷从事整理工作已经 4 年，其中有一年做的是公益整理。在做整理师之前吕文婷从事外贸方面的工作，后来成了全职妈妈。2017 年 10 月之前的日子很难熬，除了带娃，她不知道自己未来还能做什么，非常迷茫。后来一次偶然的机会她接触到了整理，成了整理的受益者，于是就想做整理师，帮助身边因为家里凌乱导致亲子关系、夫妻感情、婆媳关系不好的家庭。整理对她而言，有一种使命感。吕文婷成为整理师后看过很多家庭，整理过很多物品，发现它们都有存在的道理，也打开了她的认知高度。她理想中的家是充满爱的，不用太大，不管是租的还是买的，只要一家人在一起开开心心就是最好的。打开门，玄关柜前干干净净。每天出门前换完鞋，就充满了能量，下班回到家即使有再大的委屈，只要看到整齐的空间，心情就能立马好起来。孩子有专属的儿童房，可以在自己的空间里玩耍、学习，培养他独立思考的能力。唯有爱才是家，只有用爱的气息、嬉笑的声音才能奏出和谐家庭的美妙乐章。

2000 多件衣服，
终于有了合适的位置

不少人在对收纳有一些了解之后，便会自己运用理论知识来实践，发现无处安放的物品越来越多，而且怎么收都觉得凌乱。

小爱是位企业负责人，平时业务繁忙无暇顾及家庭整理，因为职业需求买了大量衣物和包，但并没有好好整理，导致家里很凌乱。

包包的收纳：在柜子里放了两排包，看起来秩序井然，但是每一个包里面能再掏出 2~5 个，用的是"套娃"策略。

衣物的收纳：同样采取"套娃"策略，在每一件悬挂着的衣服里面，按照从小到大的次序，从里到外挂着最少 3 件衣物。

如此收纳之后，就会出现有的物品短期内找不到而重复购买的问题。由于储物空间不足，又缺少专业规划，加之收纳策略不合理，因此拥有 2000 多件衣物的小爱常穿的就那十几件，还总感觉自己缺衣服。

案例来了

房屋面积
200 平方米

户型
四室两厅带阁楼

家庭成员
一家三口

改造区域
卧室、储物间、玄关

凌乱原因

1. 家里现有的储物空间不足以应对现在的物品量，比如三个卧室各有一组衣柜，但小爱可用的只有不足4米的一个柜体。
2. 没有清晰的物品分区，家里的每个房间都有衣物和包出现。
3. 储物间囤积了大量根本用不到的物品，而且常年没有做筛选和流转。
4. 玄关柜的黄金区域空间可利用率极低。

解决方案

使用柜体加减法、层板加减法、配件加减法、收纳用品加减法"四项心法"，从空间到物品全部重新梳理，增加一部分储物空间，划分新的区域。根据使用频率和生活习惯，把每一件物品规划在动线最佳位置上，以此解决问题。

柜体整个被塞满，许多衣物悬挂在衣柜以外的晾衣架上。靠墙摆放着三四个大纸箱，里面装的也是衣物。床上堆满了临时要穿的衣服。

解决方案

1. 柜体加减法：客房墙面增加3.5米的衣物悬挂区域，把全部应季衣物呈现出来，解决找不到衣服的问题。

2. 层板加减法、配件加减法：拆掉左右两侧的层板区域，全部调整为挂衣区，将鸡肋的伸缩穿衣镜也拆掉。

3. 收纳用品加减法：换季衣物收进百纳箱以及收纳包中，存放在储物区和床箱里。衣柜左侧利用植绒衣架悬挂着穿着频率最高的连衣长裙，右侧悬挂着频率较高的T恤类衣服。

4. 小爱喜欢做瑜伽，家里专门设置了练瑜伽的房间，因此将搭配好的瑜伽服、舞蹈服成套收纳进PP盒，存放在瑜伽房的陈列架下方，从动线考虑，方便寻找和使用。

空间折叠术

● 将衣帽间储物需求折叠进卧室空间内，打造方便取用的合理衣柜空间。

整理前

整理后

去掉晾衣架，利用整个墙面打造一个挂衣区，考虑阁楼有坡顶，增加了高 2.5 米左右的储物空间。此区域主要陈列小爱的长款小外套、半裙、短裤以及各类小衫。将闲置的抽屉拆掉，改为上下挂衣区。右侧拆掉层板，改造成长衣区。出于对超长连衣裙的热爱，小爱的长款衣物数量非常多，且件件都是心爱之物。整理后提供了 4 个长衣区，对比整理前只有 1 个长衣区的窘境，情况大为改观。

整理后

整理前储物间基本无法进人，能够使用的空间仅剩门口堆放几个行李箱的位置。

储物间

解决方案

● 层板加减法：增加层板，扩容储物空间，右侧柜体调整为更适合小件物品收纳的空间，中间区域放置存放换季衣物的百纳箱。

● 收纳用品加减法：左边的墙面利用洞洞板把最常用的帽子和饰品悬挂在随手可拿取的位置。

空间折叠术

● 将护肤品和保健品囤货、换季衣物、配饰品等收纳以及行李箱存放等功能折叠进储物间区域。

整理前

整理后

玄关

装修初期在玄关处设置的次净衣区使用的是纵向挂衣杆，这种设计并不实用，不仅挂不了几件衣服，拿取也不方便，长此以往就变成了一个堆积穿过衣服的储物区，而小爱的包特别多，根本放不下，很多包因为挤压而变形。

解决方案

● 层板加减法、配件加减法：将挂衣杆拆掉，增加层板，将次净衣区改造为包柜。再将包按使用频率摆放，所有包陈列出来，方便小爱在搭配好服装之后，随时找到适合的包携带出门。

空间折叠术

● 将包的收纳功能折叠进玄关空间。

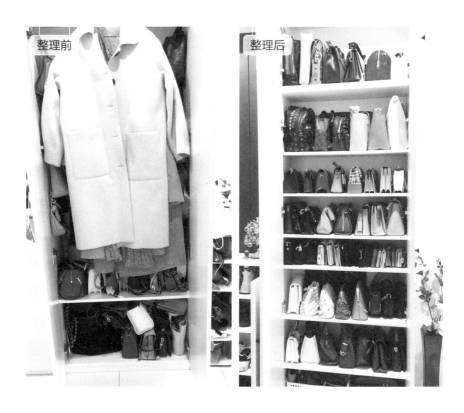

经过这次整理改造，小爱重新梳理了自己的所有物品，筛选出现阶段不常用或者不再使用的物品。当所有储物空间重新分区，物品各归其位之后，想找哪件物品就容易多了。这样大大提升了生活效率，解开了原来因为环境无序而带来的各种困惑。新的生活井然有序地开始啦！

整理师来了

让物品各归其位，
让生活变得简单！

彦 婷

留存道整理学院天津分院副院长

IAPO 国际整理师协会理事

资深衣橱管理师、空间规划师

新浪家居认证讲师

为近百个客户提供了整理服务，客户
涵盖知名博主、企业家、商务人士等

2017 年夏天，彦婷开始接触整理理念，彼时，她还是一名电子工程师，将全部精力放在项目上，顾不上自己和家庭，每天很忙碌，却找不到生活的节奏以及内心的安宁，有了宝宝后，家里的物品越来越多，面对永远收拾不完的家与整理不好的生活，她在经历了惆怅、犹豫、痛苦之后，下定决心做出改变。在系统学习和深入研究整理理念与技术之后，她开始以更加理性的思维看待事物，以整理的态度看待生活，以整理人生的理念尝试全新的生活方式，她改变了家里的环境，也影响了身边的人，四岁的宝宝也学会了对玩具进行收纳整理。其实，不是孩子不懂、不会，而是他们在混乱的环境中缺乏引导。

整理规划，不仅是一个动词或概念，更是一个过程，一段感悟，一段心路历程；它不是一次开始，也不是一次结束，需要根据自己的生活理念、生活历程、物品增减，不断地进行调整，寻求最适合自己和家人的生活方式。

整理家庭的关系，整理生活的理念，整理当下的日常，整理未来的期盼，将贯穿我们生命的始终。

打造
5 分钟穿衣出门的家

Elle Zhao 是一位非常爱美的小姐姐，她家里的很多空间用来放置衣服、鞋、包、化妆品。她有很多鞋，多到常常忘了它们的存在。她有很多衣服，多到无从下手找寻。平时她极其忙碌，以至于在一堆杂乱无章的衣服、鞋中搜寻无果后，便会继续购置新的着装。虽然她看过很多教程、视频，东一榔头西一棒槌地学习过一些收纳方法，但每一次换季都得来回折腾，使得整理效果难以延续，复乱却那么容易。因此需要一个有整体逻辑性的、不需要迁移的方法。

她家的痛点是物品太多，不知如何去整理。虽然一眼看去干净整洁，但只是表面看起来这样，很多东西被藏到各种抽屉、柜子里。对于她来说，"藏八露二"应该是她想拥有的一个生活状态。

案例来了

房屋面积
210 平方米

户型
四室两厅两卫

家庭成员
一家三口

改造区域
鞋柜、包柜、玄关、衣帽间

凌乱原因

1. 鞋柜：鞋柜的空间规划不合理，导致鞋全部堆积在柜子里，拿取非常不便，穿鞋时永远找不到自己想穿的那双鞋，越翻越乱，不仅浪费大量时间，还影响心情。

2. 衣柜：因衣柜空间有限，所有衣物堆积在一起，导致衣柜超容量收纳。

3. 玄关：玄关的桌面看上去很整洁，但下面的柜体已经堆满了杂物，不知如何整理收纳。

解决方案

1. 层板加减法：鞋柜增加 5 个层板，将男女主的鞋分开放置，再按鞋的款式做详细分类，考虑男女主的身高，将男主的鞋陈列在上方，女主的鞋陈列在下方，方便拿取。

2. 配件加减法：让衣帽间在不改变衣柜柜体的情况下扩容，即安装尺寸合适的衣杆，增加挂衣区，这样裤子和裙子就都有了居所。

3. 层板加减法：玄关柜可以适当增加层板，减少空间浪费，将凌乱的小物件按类别存放到第一维度盒子里，这样整洁有序，拿取方便。

鞋柜包柜

整洁有序的家大致是相同的，而凌乱的家各有各的不同。爱美的女人总是有各种各样的鞋，会放进各式各样的鞋柜中，但有的会将其塞进各类鞋盒中，有的会将鞋子堆积在一起，无序摆放。通过空间改造扩容后，不仅可以将所有鞋按功能、款式全部放下，还能让空间有一定空余，通过空间整理赋予每一双鞋特别的仪式感。

整理前　整理后

玄关

小玄关也可以有大空间。经过合理的空间规划，在原来的玄关柜体中增加一块层板做隔断，这样就可以将空间轻松扩容一倍，放置更多东西。另外，选择合适的收纳用品，将物品分门别类地放置，干净整洁且方便寻找。

整理前　整理后

衣帽间

　　能在五分钟之内找到搭配合适的衣服可能是每个人的理想状态，来一次彻底地整理就拥有这样的满足感和幸福感。将空间利用最大化，用合理的收纳用品及收纳技巧就能呈现出一个最好的整理效果。合理的规划是整理收纳的前提，解决收纳困扰，并不是购买各种收纳神器可以解决的，而是从空间上扩容，真正解决物品无处安放的问题。

　　整理的正确打开方式：无规划不整理，无整理不收纳。

整理前

整理后

整理细节图

衣柜细节图

整理师来了

把整理请进生命里

——

周 芝

留存道整理学院合肥分院副院长

IPAO 国际整理师协会理事

留存道资深空间规划师

新浪家居认证讲师

高级衣橱管理师

参与设计并服务过上百个家庭客户，有着
丰富的衣橱管理实战经验

为博主、企业家、商界名流提供过专属整
理服务

　　周芝在成为整理师之前，曾在传媒行业工作近
十年，舞美、灯光、音响是她工作过的战场，主持人、
演员、模特、演艺人员是她工作时的战友。2017
年因传媒公司转型，她希望自己能有更多时间陪伴
孩子，经过慎重考虑，转型做了一名衣橱管理师。
从传媒行业转到整理行业是一个大的跨度，以前面
对的是企业、购物中心、地产等行业的客户，现在
面对的是以家庭、个人为单位的客户，相当于从台
前转到了幕后。作为整理师，周芝理想中的家是温
馨且井然有序的，是干净且舒适的，能够让人从内
而外感到真正的放松。

四世同堂之家的
焕新计划

这是一个四世同堂的大家庭，六口人居住在 200 平方米的四室两厅，房屋面积可以满足一家人的居住需求。小唐说刚装修完入住时，有很多邻居来家里参考装修设计方案，是小区里的装修模板。但随着居住人口的增加，家里的物品越来越多，之后就变得越来越乱，经常因为找不到东西而引发家庭矛盾。

案例来了

房屋面积
200 平方米

户型
四室两厅

家庭成员
一家六口

改造区域
全屋

凌乱原因

1. 居住人口较多，尤其是新生宝宝的到来，使得物品数量剧增。
2. 每位家庭成员没有独立的空间存放自己的物品，经常交叉存放，相互之间受到影响，无法维持整齐。
3. 空间布局不合理，家里的储物空间不足，物品都堆积在视线范围内。

- -

解决方案

1. 柜体加减法：增加储物空间，例如添置深度超过 50 厘米的阳台储物柜，解决家庭里很多大件物品的收纳问题；厨房用一组高柜替换原有的置物架，整齐美观的同时也方便使用。
2. 收纳用品加减法：利用尺寸适合、颜色统一的收纳用品对柜体内部进行细致的分类并制作好标签，方便使用者寻找物品和归位。
3. 对每个家庭成员的物品重新进行分类和筛选，设定好各自独立的存储空间，制定好规则，每个人负责管理好自己的私人物品。

- -

空间折叠术

将孩子的生活、学习、玩耍功能从家庭的各个角落折叠进儿童房；因为没有独立的书房或者影音房，于是将钢琴演奏的功能折叠进客厅。

玄关

玄关原来只放置了一个换鞋凳，每天出门拿的包和钥匙只能堆放在凳子上，之后换鞋凳变成了置物台。在这种情况下，需要利用柜体加减法，找一个闲置的柜子将其重新利用起来，放置在玄关处能恰到好处地起到收纳小物件的作用，而且还增加了玄关的储物空间，再在上面放上印有家人照片的DIY马克杯，回家一打开门，一种幸福感扑面而来。

整理前

整理后

儿童房

孩子应该有一个属于自己的空间，这样学习和玩玩具的时候会更专注。在互换了家具位置以后，采光得到了改善，活动空间也变大了。利用空间折叠术，将孩子的学习用品、生活日用品、休闲玩具从客厅、餐厅等各个角落全部折叠进儿童房，再铺上爬爬垫，儿童空间就打造好了。孩子在这种有秩序的环境下能够学会及时对物品归位，每次玩完玩具都会将其送回自己的小天地。

整理前

整理后

客厅的家具和物品多且杂乱，并没有将所有物品归类，而是随手放在某个地方，这就需要最大程度地挖掘储物的空间，使其他空间内的物品回到属于它们自己的位置。客厅实现了从"孩子的战场"到"待客之所"的完美转变。

利用空间折叠术将钢琴折叠进客厅空间。钢琴原本是放在拥挤的书房里的，无法正常使用，故将其从书房搬到客厅。孩子练琴的空间变大了，客厅也多了一分别致。

餐厅原来装修的时候没有设置餐边柜，物品只能全部堆在餐桌上。每次用餐之前都需要先移开那些物品，费时费力，有时候时间来不及就只能在茶几上吃饭。使用柜体加减法，开发小阳台的空间，增加一组高柜，不仅能够将餐桌上的瓶瓶罐罐、零食、饮料全部收纳入柜，同时运用空间折叠术，将家里不常用的大件物品的收纳需求折叠进餐厅边上的储物柜，完美地解决了家里大型储物柜不足的问题。

厨房

厨房的锅碗瓢盆、小家电等相互拥挤地放在置物架上，每次要用一个电器时都需要搬动很多东西才能拿到。就是因为使用起来太麻烦，很多家电被闲置了。利用柜体加减法，增加高柜可让大体积的家电嵌入柜体，还让厨房的整体颜值上升了一个档次。常用的家电一字排开摆在眼前，使用起来非常方便。此外，橱柜下面的调料架因为几乎没用过，积了大量污垢和铁锈，使用配件减法，将其拆掉，再用层板加法，使其变成一个收纳锅碗的宝地！

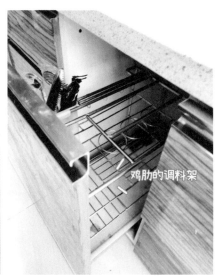

鸡肋的调料架

174

衣柜

　　每个家庭成员的衣服都是混放在衣柜里的，大家没有自己独立的衣柜，找衣服纯靠翻，还经常找不到自己想穿的衣服，每年换季都非常崩溃。尤其是被子，都用压缩袋来放置，不仅没有节省空间，还容易损坏棉花纤维导致被子不暖和。这就需要对所有家庭成员的衣物重新划分，将各自的衣服分配到属于自己的房间。一共1500多件衣服全部安置妥当后，每个人都对自己衣服的存放位置非常清楚。

　　次卧是老人的房间，衣柜内部有很多隔层设计，还有许多网红收纳用品，药品、化妆品也都放置在衣柜里。利用层板减法，把层板去掉，再使用配件加法增加衣杆，将男士和女士的衣服分区悬挂起来。房间里不属于他们的物品都归置到对应的空间，老人终于有了属于自己的衣柜了。

整理前

整理后

次卧衣柜是小唐两夫妻的衣柜，因为衣服量太多，自己房间的衣柜已经无法容纳他们的衣服了，于是将他们的部分衣服放在衣帽间内，即便如此，衣帽间也被填满了。采用层板减法，拆掉不必要的隔板，增加挂衣区，换成统一的置物箱，大概1000件衣服就能整整齐齐地收纳进去了。此外，将当季衣物都放在房间里、换季衣物集中到衣帽间去放置，日常拿取非常方便。

整理不是简单地把东西放好，而是有计划地、有目的地去摆放每一件东西，需要做的就是按功能去划分区域，做到区域与区域之间有明确的界限。家里人口多不能成为家里凌乱的借口，一个干净、整洁、温馨的家也不只是简简单单打扫卫生就能做到的，更重要的是用心去整理，用心去规划。

整理师来了

虽然一直平平无奇，但在人生关键节奏上总能成功卡点。

曾雅云

留存道整理学院南昌分院合伙人

IAPO 国际整理师协会理事

曾被电视节目采访报道

服务过 100 多个家庭

多家银行、书店、地产公司特邀整理讲师

曾雅云 2017 年跨入整理收纳行业，已经为 100 多个不同的家庭解决了不同的整理问题。她在大学期间学习过四年会计专业，毕业后从事财务工作五年，财务工作中要求的谨慎培养了她的耐心与细心，从电子资料到纸质档案的分类整理也让她总结出了属于自己的整理方式。看起来毫不相关的从业经历，恰恰为她打下了整理思维的基础。成为整理师，更加迫使她不断地学习，学习很多自己不擅长的知识，做了很多曾经不敢尝试的事情。她说自己最大的改变就是整个生活状态从被动变成了主动。"怎样才是家最舒服的状态"一直是她思考的问题。她觉得首先是不将就，尽可能打造高品质生活。其次，每一个物品有专属的位置，家庭成员有专属的空间，大家彼此注重边界感，相互理解、包容，共同维护好家的秩序。

三口人
住四室两厅需要整理么

案例来了

房屋面积
218 平方米

户型
四室两厅一厨两卫

家庭成员
一家三口

改造区域
衣柜

晨曦是一位爱生活的小姐姐，一家三口住在 200 多平方米的房子里，空间足够，但她和先生的工作都比较忙，没有时间对房间进行规划整理。孩子的出生让原本就忙碌的年轻夫妻更加忙碌，而且孩子的物品也越来越多。特别是换季的时候，满满 6 平方米的衣柜却没有衣服可选择，甚至整理之后才发现衣柜里还留存着十年前的衣服。而且，衣柜格局也有一定问题，这就造成了衣柜里的衣服无法完全展示出来。

凌乱原因

1. 大人和孩子的衣物交叉放在一起，每次找衣服时满柜子乱翻，浪费时间。
2. 柜体格局不合理，有层板区、裤架区和多宝格，但悬挂区域不够，衣物不能全部展示出来。
3. 春夏秋冬的衣物全部混杂在一起，每当换季就会发现没有衣服穿，整理一整天，搞乱一秒钟。

解决方案

1. 将衣物详细分类、分区，女主的衣物全部放在主卧衣柜，男主和宝宝的衣物放在次卧衣柜。
2. 收纳用品加减法：主卧衣柜由于抽屉空间较少，可增加抽屉 PP 盒等收纳用品，收纳内衣、袜子、丝巾、围巾等小件物品，从而增加储物空间。
3. 层板加减法、收纳用品加减法、配件加减法：将次卧左侧衣柜的层板、多宝格、抽屉拆掉，增加 3 个衣杆，将宝宝的衣物悬挂起来；增加抽屉 PP 盒等收纳用品放置宝宝的小件物品，遵循衣物宁挂坚决不叠的原则。

主卧
衣柜

晨曦的衣服偏多一些，主卧衣柜的所有空间都归她使用。衣柜左侧部分的层板区、裤架和多宝格造成空间浪费，规划之后变成上下两个短衣挂衣区。衣柜右侧分为上下两个短衣区，长衣区不做变动，这样可以满足长衣存放的空间需求。因为衣柜全部归她使用，不用担心会被先生翻乱，最重要的是遵循宁挂坚决不叠的原则，基本没有复乱的可能性。

左侧整理前

左侧整理后

右侧整理前

右侧整理后

次卧
衣柜

次卧衣柜里放的是先生和宝宝的衣服，衣柜储物区虽然被各种被子填满，但是细细观察可以发现空间还是存在浪费，陈列区同样存在层板区和多宝格抽屉，先生的衣服被塞在层板区。进行合理的空间规划之后，将衣柜左侧部分留给宝宝使用，层板区变成三个挂衣区，至少可以满足宝宝两年之内的使用需求，当宝宝的所有衣服悬挂起来后，经常照料宝宝的奶奶和阿姨就可以随时找到宝宝的衣服，做到随时增减衣服。衣柜右侧是高于 150 厘米的长衣区，由于先生的长衣并不多，只需一半即可满足中长衣的需求。另一半规划为两个短衣区，这样当季和过渡季节的衣服就可以全部悬挂起来了。

左侧整理前

左侧整理后

右侧整理前

右侧整理后

整理过后的主卧和次卧的衣柜整洁有序，三口之家的衣物呈现在使用人面前，有了明确的边界感，再也不用担心找不到自己的物品了。

整理师来了

整理赋予我无限能量！

Amber

留存道整理学院临沂分院合伙人

IAPO 国际整理师协会理事

临沂空间管理第一人

空间规划设计师

新浪家居认证讲师

为近百户家庭提供了整理服务

Amber 在成为整理师之前是一位审计行业的项目经理，在中国排名前五的会计师事务所从事上市公司、IPO 项目的审计工作，经常需要出差、加班，导致身体严重透支。随后在机缘巧合下，Amber 接触了收纳整理，决定投入到这个行业中。之前事务所的工作压力很大，要面对客户、领导、团队等各方面人员，情绪非常容易失控，现在通过整理逐渐让自己变得平和，对待事情不再急功近利，心态也越来越乐观。学会接纳自己的情绪是 Amber 在整理工作过程中得到的最大改变。作为整理师，她眼中的家应该是舒适的、温暖的。每个人都可以在一天的工作后，回到井然有序、温暖舒适的家，躺在懒人沙发上，追剧、看电影、畅想未来，这样的家让人内心无比放松。房子不在大小，而在我们是不是为它投入了更多的时间和爱。

让帅气

老人的衣帽间拥有朝气

刘老先生是一位成功的地产商人，也是一位特别注重形象的老人，平时的穿着打扮十分讲究。他家是一座江景房，从客厅到主卧阳台到浴室都可对江景一览无遗。偌大的客厅很整齐，但是除非有客人来才会在客厅小坐。平时老先生一回来就直奔卧室，坐在按摩椅上喝茶。对于这么精致的刘老先生来说，最郁闷的就是自己专用的衣帽间乱糟糟的。他自己不太会收拾，太太因为工作的缘故经常出国，导致无人收拾，衣柜很乱。其实凌乱的根本原因是衣柜空间出了问题。如果储物空间的格局不合理，就算再会收拾的人也无能为力。

案例来了

房屋面积
200 平方米

户型
四室两厅两卫

家庭成员
夫妻二人

整理区域
衣帽间

凌乱原因

1. 衣杆位置过低，导致衣服悬挂不便，而且下摆都堆在了层板上。
2. 各式各样的衣架看上去比较乱，自己增加的挂衣架、储物箱等收纳用品因为不合理，反而让衣柜显得更乱。
3. 没有合适的收纳用品，大棉被被随意地塞在衣柜下层，上层储物区有一半空间被闲置。
4. 抽屉区的小物件乱糟糟的，开封的和未开封的衬衣也都堆在一起。
5. 衣服没有进行换季分类，夏季和冬季的衣服都挂在一起。
6. 中长衣区挂了短衣，下面空的位置就塞满叠了又乱的衣服。

解决方案

1. 配件加减法：拆掉方形木质衣杆，换上加厚太空铝材质衣杆，并且将安装位置提高，离上层顶板仅余 4 厘米，从而将短衣区高度整体提高，满足了短衣区的悬挂需求。
2. 收纳用品加减法：将五花八门的衣架，尤其是干洗店的铁丝衣架都淘汰，换上超薄防滑的植绒衣架。将外置挂衣架移除、储物箱清空，换季的大棉被集中在一起放入百纳箱，全部归位到上层储物区。

3. 收纳用品加减法：在凌乱的抽屉里增加纸质分隔盒，规划出袜子抽屉、内裤抽屉、领带抽屉，方便拿取和归位。

空间折叠术

将当季衣物的悬挂、换季衣物的存储、小件物品的收纳等相关功能统一折叠进衣帽间，不占用家中其他空间。

　　乍一看，衣柜好像没什么问题，只是衣服挂得乱了点，格局好像还不错。但走近之后再看，衣服竟然都垂在了层板上！量了一下衣杆到层板的距离，居然只有 78 厘米。而正常的衣柜，短衣区需要最少 92.7 厘米的高度才能满足短上衣的挂衣需求。虽然衣柜是全实木的，不能大改动，但可以通过提高衣杆位置的方式，让衣服都挂得妥妥当当。

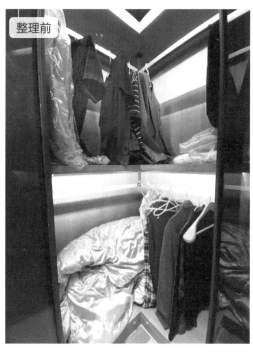

整理前

整理后

方形的木质衣杆看上去确实很高档，但是当你想左右推一下找衣服的时候才发现怎么这么不方便！而且，这些用五花八门的衣架悬挂的名牌衣服，全都挂出了鼓包，好好的衣服就这样被毁了。换上加厚的太空铝制衣杆和超薄植绒衣架，问题就能轻松解决！

因为衣柜空间不合理，很多衣服被放在角落遗忘了。在分类的过程中，甚至发现很多发黄、挂得变形的衣服，大多数新衣服连吊牌都没有摘。刘老先生筛选的时候一脸痛苦地说："啊……这都是我去国外旅游时买的牌子，都不便宜啊，好心痛。"

是的，专业的整理就是先解决空间问题，让储物空间利用率最大化，找到物品的量的边界，然后控制购买物品的欲望。衣柜规划好，遵循衣服哪里取就放回哪里的原则，就不用担心不会收拾了。

整理师来了

整理有道，收纳乾坤！

宏 原

留存道整理学院广州分院副院长

IAPO 国际整理师协会理事

新浪家居认证讲师

高级空间规划师

资深衣橱整理师

最初是为了整理自己的家，宏原才决定系统地学习整理收纳知识。她认为，绝大多数人缺乏正确的整理收纳理念，这就需要整理师去传播，让更多的人受惠。成为整理师之后，宏原对整个家庭物品的规划有了更深的认识，那就是需要严格控制物品的质量和数量。这样既能享受精致生活，也不会让物品成为自己的负担。整理师的工作意义非凡，让客户的家在容纳万物的同时，有更多美好生活的憧憬和向往，让每个人都能感受到真正的"家"的模样。

拯救品位之家的
"暗黑"衣帽间

案例来了

房屋面积
430 平方米

户型
三室两厅

家庭成员
一家三口 + 两名阿姨

整理区域
衣帽间、厨房

　　G女士半年前搬到了目前这个新家，新家的窗外景观特别好，能看到珠江和广州地标"小蛮腰"。初踏进门的人就可以发现这是一个很有品位的家，餐厅、客厅、吧台等都是井然有序的。但进入衣帽间会让人大吃一惊，衣帽间的风格和整个家的品质完全不匹配，衣杆上挂着横七竖八的衣架，部分衣服一摞摞地叠在中长衣区的下方，另外两个挂衣区完全没有利用起来。虽然衣柜的格局很好，但就是用得不顺心。

衣帽间

凌乱原因

1. 衣杆不合理：衣杆是厚度3厘米的矩形衣杆，市面上大部分衣架都无法很好地卡进去，导致衣架横七竖八挂在衣杆上，没有统一性。

2. 整理方式不合适：用传统的衣柜管理方式——叠衣服来进行收纳，导致经常找不到想穿的衣服，等翻乱后，又需要重新花时间叠好。

3. 衣架不合理：木质衣架的宽度过宽，占用大量空间，导致无法将所有衣服挂起来。

4. 没有层板区，只能在短衣区放包和鞋，导致上方空间浪费。

解决方案

1. 配件加减法：定制尺寸合适的、承重能力强的衣杆，替代卡不进衣架的鸡肋木质衣杆，更换后，衣服就能顺利地挂起来了。

2. 收纳用品加减法：舍弃占空间且不防滑的木质衣架，使用更有质感的防滑植绒衣架，这样就能把所有衣服陈列在挂衣区，找衣服时只需要按分好类的区域查找即可，既方便又省时。

3. 柜体加减法：新增一个包柜，专门用来陈列包。

4. 收纳用品加减法：在国外旅行买的当地服装，在国内几乎不会穿，这些衣物可以折叠后放进百纳箱打好标签，放到上方储物区。

5. 小物件进抽屉：常用的小物件以及配饰都用分隔盒有序地放进抽屉里。

整理前

整理后

厨房

厨房的储物空间是非常充足的，但由于缺乏整理收纳方面的知识，没有很好地利用空间。

凌乱原因

1. 抽屉中放了很多用餐工具，但没有给不同的用餐工具规划边界。
2. 锅具多，且以平行方式堆叠收纳，用最下面的锅具时需要先把上面的锅具挪开，操作步骤多。
3. 玻璃陈列餐柜里的物品杂乱，没有达到很好的陈列效果。
4. 同类物品没有集中收纳存放。
5. 动线规划不合理。

解决方案

1. 收纳用品加减法：增加合适的抽屉分隔盒，将抽屉的大空间分割成小空间，分类放置不同的用餐工具；增加合适的锅具置物架，使锅具能够立式收纳，这样拿取时可以减少操作步骤。把所有同类物品集中放在一起，粗粮干货用统一的密封收纳盒收纳，避免潮湿；多余的囤货用密封袋收纳，放置到统一的收纳盒中归类，放到相近区域，当密封罐的食品即将用完时，马上能看到下方是否还有囤货，方便及时补充。
2. 调整层板高度：根据人的视觉黄金区域，把矮杯和高脚杯对调位置，这样就能更好地看到所有物品。
3. 合理利用家具：玻璃餐柜陈列好看的餐具，普通的保鲜盒放到中岛台下方抽屉，靠近冰箱区域，方便打包装盒。

整理前

整理后

整理前

整理后

整理师来了

相信自己的选择，并全力以赴！

林 米

留存道整理学院广州分院合伙人

IAPO 国际整理师协会理事

曾接受央视国际新闻 CGTN 采访报道，
向世界传播留存道理念

2019 年，林米做了人生中一个重要的决定——辞职离开熟悉的行业，投入到整理行业中，开启自己的整理师事业。林米天生就有很强的美感，也有统筹的天赋，再加上细心和超强的观察力，快速领悟到整理收纳的核心要点。最让林米喜欢的是从这份职业中找到了帮助他人的价值感，她认为这是一份非常有意义的职业！

第六章

独栋别墅有独特的
高级感

CHAPTER 6

当整理师来敲门
改变 45 个家庭的整理故事

让近百种调味品
配得上家的颜值

甜甜家是一个空间感非常强且极具设计感及艺术感的家，功能性较强的储物空间并不多，但衣帽间、厨房及储物间的物品量较多，因为有专人打理，总体已经很美观且有序了，只需要对细节进行提升，以及对全屋进行系统性的规划，将空间改造得更合理，并且挑选颜值高、有质感且实用性强的能够匹配这个艺术性的家的收纳用品，再配上专业的陈列，可以更好地体现主人的品位及审美。

案例来了

房屋面积
2000 平方米

户型
八室二厅

家庭成员
三代同堂

改造区域
衣帽间、卧室、书房、
厨房、洗手间

凌乱原因

1. 家装风格设计感强，但储物空间少。
2. 人口较多，物品量较多，空间告急。
3. 厨房里有近百种调味品，但橱柜空间有限。

解决方案

1. 层板加减法：衣物陈列区、鞋区和包区重新规划，增加层板，扩容、优化使用空间。
2. 配件加减法：裤架、配饰格等配件过多且切分了空间，搞乱了使用动线，可拆掉鸡肋配件，并且将出现承重问题的所有衣杆进行更换，即可使用得更安心。
3. 收纳用品加减法：将家中外观、尺寸各异的收纳用品统一进行调整及更换，这样使用更便利、陈列更美观，结合改造后的空间，完美解决空间与物品的关系。

空间折叠术

将衣服、鞋和包的收纳功能全部折叠进衣帽间。

　　家里的厨师非常擅长烹调及营养搭配，近百种调味料、几十种谷物、几十种进口营养配料都陈列在橱柜里。在这种情况下需要一样样筛选过期食品，结合使用动线，重新规划物品放置区；谷物、调味料、坚果等分别匹配不同质感的食品级收纳罐，并全部打上标签，可以让使用者迅速选取需要的那一种。恢复厨房极简大气的风格，清空整个操作台面，既美观又提升了使用的合理性及便利性。

整理前

整理后

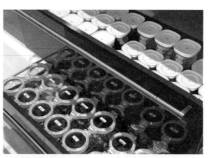

衣柜内挂衣杆的承重出现了问题，甚至会在使用过程中掉落，需要替换成定制尺寸的衣杆。为了配合新的整体规划，将岛台中的鞋拿出来，打造一个专门的鞋区。扩容包区，定制 8 块层板，拆掉 5 个区域的原有配件，如配饰格、裤架等鸡肋结构，更换 27 根衣杆，将原本分散放置的鞋和包集中陈列。整理完后整个衣帽间焕然一新，成了能匹配得上女主极佳衣品的衣帽间。

将书桌所有文件进行细致的分类筛选，这样说明书、重要证件、升学文件等就有了独立的文件夹，查找与放回都可以轻松做到。每支笔都一一试用，已经不能使用的淘汰掉，这样就不会浪费时间反复拿起同一支坏掉的笔。

整理后

整个家经过这样的改造，呈现出了更美的样子。收纳这件事可以让生活变得有序又方便。甜甜一家人都是优秀的时间管理者，可以将所有事情安排得井井有条，唯独整理这件事难倒了他们，但不管什么时候开始学习收纳都不晚，只要你有一颗想改变的心。

整理师来了

每一次相遇都会做到极致，通过整理追求心中所想。

丸子

留存道整理学院北京分院副院长

留存道认证讲师

IAPO 国际整理师协会理事

上门整理、诊断设计总服务面积逾
5 万平方米

曾为知名企业家、明星、博主提供
专属整理服务

　　丸子选择整理事业有两年多时间了，不管是空间诊断的，还是开展深度服务的，她给每一个家庭都带去不一样的温暖和收获。做整理师之前，丸子曾在央企从事客户关系管理工作。原来工作的领域就与"居住""房产""空间"有很大关联，可以说原来的工作及生活经历让她更适合做整理师。丸子喜欢家中井然有序，简约温馨，在学习整理之前就在物品量的控制、空间整理方面有自己的"执念"。她觉得住在多大的房子里，是什么风格的装修，起居饮食中用的什么品牌的物品，这些都不重要，重要的是在家庭中能够感受到来自家人的温暖。

整理

还给孩子一个快乐生活的空间

案例来了

房屋面积
580 平方米

户型
四层别墅

家庭成员
一家八口（爷爷奶奶、
爸爸妈妈和三个宝宝）

改造区域
儿童活动区、宝宝卧室
（学龄 6 岁）、储物间

　　为了给自己的三个宝宝设置一个独立的儿童区域，小花特意将三楼阳台改造为儿童玩具房，这个区域采光极好，但是映入眼帘的却是满地的玩具，毛绒玩偶、乐高、小汽车遍布在房间的每一个角落。宝宝的滑梯还被阿姨晾晒了被子，完全失去了它应有的功能。儿童房的主要问题是三个孩子的玩具乱作一团，没有分类归放，有不少玩具大一点的宝宝已经不玩了，却还散落在各处，这就导致最小的宝宝想拿玩具时需要在地上找，甚至从收纳筐里刨出来。

凌乱原因

1. 三个宝宝的年龄差距比较大，每个年龄阶段的用品没有明确分类。
2. 玩具量巨大，没有足够的储物空间。
3. 家庭成员没有正确的复位意识，总是随手摆放物品。

解决方案

1. 柜体加减法：在 1.2 米的下方储物柜上增加 6 个 60 厘米 ×30 厘米 ×64 厘米的两层陈列柜，根据宝宝的年龄、身高、物品和对物品的需求设置需要陈列玩具的区域。
2. 规划各自区域：柜子前方设置大宝和二宝的活动区，比如在这里可以涂涂画画、做手工、拼乐高，并将三宝的滑梯区域作为早教活动区域，可以就近拿取适龄益智类玩具，这样每个宝宝都有属于自己的空间。
3. 收纳用品加减法：用柔软面料的小型拉筐将小宝宝的绘本、早教用具、益智类玩具等分类分层收纳，轻松复位！

空间折叠术

将大宝和二宝的学习区、绘画区、阅读区和三宝的早教区折叠进阳台区域。

给孩子的每一个玩具找到家是整理后的理想状态。经过一段时间的流通使用，即使很小的宝宝也能够通过玩具的拿取和归位逐步养成良好的生活习惯，并且逐渐适应井然有序的生活状态。这样一来，可以从小培养宝宝的惜物能力和取舍能力，在使用物品的过程中，她（他）会不断认知自己、认知周围、认知世界，懂得如何处理自己和物品的关系、和他人的关系。

整理前

整理后

儿童玩具整理前　　儿童玩具整理后

**宝宝
卧室**

学龄期 6 岁

　　学龄期 6 岁的宝宝有各种书籍和学习用品，却没有合适的空间摆放，只有一个简易的 Y 形层架，空间有限，但书籍和学习用品量比较大，只好堆放在地板上。上下床和衣柜中间的空间已经很局促了，但闲置很久的家用按摩椅又在附近占据了一大片空间，使得宝宝的阅读空间更加狭小。

解决方案

1. 柜体加减法：将床侧闲置的按摩椅挪走，增加120厘米（宽）×30厘米（深）×106厘米（高）的书柜（不超过床宽，不遮挡采光）；床头附近增加60厘米（宽）×30厘米（深）×180厘米（高）生活区柜体，把6岁女宝的日常配饰、学习用具（文具、笔、学习卡片、转笔刀、红领巾、徽章等小件用品）分类摆放。

2. 收纳用品加减法：增加硬质的收纳筐，用来收纳不规则学习用具和女生日常小配饰，还可以预留30%的小件收纳空间。

空间折叠

● 将 6 岁学龄期女宝的书本、学习用具、小件配饰的收纳功能折叠进卧室区域，就近拿取，复位简单。

卧室整理前（书本阅读区）

卧室整理后（书本阅读区）

起居生活区整理前

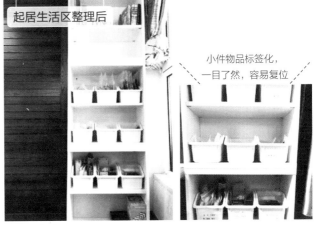

起居生活区整理后

小件物品标签化，
一目了然，容易复位

儿童
衣柜

同性别不同年
龄段宝宝共用
的衣柜区域

凌乱原因

1. 收纳用品不合理，真空压缩袋挤压严重。

2. 空间不合理，层板多，虽然衣服叠得很整齐，但找衣服时容易一拽全塌。

3. 不同年龄段宝宝的衣服没有明确分类，不易找。

解决方案

1. 收纳用品加减法：增加牛津环保百纳箱，收纳围积的大被子、枕头、被罩等床品，增加
   抽屉PP盒收纳宝宝的袜子、内裤、口水巾、纸尿裤等小件物品。

2. 层板加减法：去掉多余层板，把常穿的衣服全部悬挂起来，百纳箱按照使用频率分类放
   在上方层板或者下方层板。

3. 配件加减法：增加衣杆，衣服能挂不叠，一目了然，放得下，看得见，找得到，易复位。

空间折叠术

● 衣服收纳遵循"一人空间"的原则，因为两个同性别、不同年龄段宝宝的年龄差距略大，
  大宝淘汰给小宝的那些近两年之内穿不到的衣服，可收纳在百纳箱里，将有情怀的留存
  区和日常使用区折叠进一个衣柜空间。

衣柜整理前

衣柜整理后

储物间

原车库

凌乱的原因

1. 旧物囤积较多，物品破损现象严重，导致囤积的家电新产品没有地方摆放。

2. 总觉得空间大，日复一日随手丢放，导致偌大的储物空间没有下脚的地方。

3. 没有分门别类地摆放物品，新的、旧的、好的、坏的被杂乱无章地堆在各个角落。

解决方案

柜体加减法：原车库空间两侧增加6米铁质储物架，将破损的旧物和囤积的新物做分类，便可迅速知道哪些是可以留存的，哪些是可以捐赠转卖或者丢弃的。根据留存物品的高度来合理规划每一层距的高度，让所有物品能够轻松找到并且复位容易。

储物间（原车库）整理前

储物间（原车库）整理后

　　想拥有不将就的生活，就应该先拥有一个不将就的生活环境：每一位家庭成员都有自己的专属空间，互相帮助又互不打扰；家中的每件物品都有自己的专属位置，触手可及，复位简单！

整理师来了

就这么一次，活凭什么将就！

湘 津

留存道整理学院济南分院副院长

IAPO 国际整理师协会济南分会理事

新浪家居认证讲师

职业整理师导师

各学院特邀整理生活讲师

各新闻媒体特邀整理师嘉宾

　　湘津曾是一名音乐教育工作者，为了能给孩子们更好的陪伴和教育，她选择暂时放弃教师这个职业，一头扎进全职妈妈的队伍中，一待就是10年。以前是自己不断地付出，得不到的时候就会不断地焦虑，随后会因为情绪积累而崩溃。因为她从来就不是一个能将就的人，凡事总想做到最好，所以在生活中总会有抓狂的情绪出现。进入整理师这个行业后，她看到自己的人生有无限可能。人生所有的精彩都不是一蹴而就的，她喜欢挑战，如果总是去担心结果，担心前面会有暴风雨，那就连播种的心思都没有了。不将就！我们随时可以重来，人生的每一个阶段其实都是最好的时光，学会接纳所有的好与不好，抛掉浮躁，揣着稚气，带上勇敢，用心去追，阳光和梦想就在前方！

爱美奶奶的
精致生活

追求生活精致已经不只是年轻人的专利了，越来越多的老年人开始注重生活品质，也对自己的生活有了更高的追求。对于他们来说，生活不只是眼前的柴米油盐，更重要的是活得精彩、过得有趣。他们更希望自己住的空间整洁、干净，于是对收纳整理有一定的要求。

有这样一位爱美奶奶，初见时看着一点也不像老年人，她很会打理自己，精神状态也很好，谈吐优雅，让人觉得只有五十岁左右，但交谈之后才知道已经上了年纪。从她身上能看到，"追求美不分年龄，追求精致生活更不分年龄"。

爱美奶奶家 320 平方米的房子中有两个卧室、一个衣帽间属于她，空间很大，对她个人来说完全足矣。她喜欢将自己喜爱的衣服全部挂起来，不愿意将其叠起来弄得很皱。她有很多好看的裙子，冬季基本不穿，但仍然希望挂起来，打开衣柜就能看到，这也是一种满足感。对她衣柜的整理重点就是经过空间规划把所有衣物陈列出来。

案例来了

房屋面积
320 平方米

户型
三室两厅两卫

家庭成员
奶奶、孙女和一位阿姨

改造区域
衣帽间、两个卧室衣柜

次卧
衣柜

凌乱原因

1. 爱美奶奶非常喜欢买四件套和被子，但因为没有做好分类和统一收纳，被堆积在层板区，既占衣柜空间又不易找。
2. 因为被子和其他物品都堆积在衣柜内，她常穿的衣物没地方放，只能放置在另外一个不住人的卧室床上，每次都要去一堆衣物里找自己要穿的衣服。
3. 衣柜内放置了其他物品和不合适的收纳工具，导致储物空间大量浪费。

解决方案

1. 层板加减法、配件加减法：清空衣柜内所有物品，改造成挂衣区，拆掉左边一块层板，加两根挂杆，把所有常穿的衣物都悬挂起来，这样很快就能完成穿搭。

2. 收纳用品加减法：去掉所有被子的原包装，用百纳箱收纳好，不常用的被子放置在顶层的储物区，常用的四件套放置在下层的灵活储物区，方便高频率的更换。

3. 收纳用品加减法：把所有内衣集中在一个抽屉内，所有内裤、袜子、吊带等小衣物集中放置在另一个抽屉内，内部用分隔盒区分。

空间折叠术

● 将当季常穿衣物、小件衣物、属于这个卧室使用的四件套和被子类收纳等功能折叠进卧室区域。

凌乱原因

1. 因为爱美奶奶大部分时间是在家带孙女，所以家居服很多，同时因为柜子有太多层板，很多衣物堆积在层板上，家居服也因为放不进柜体而堆积在卧室床上或者飘窗上。

2. 没有做任何分类，直接将贴身衣物堆放在层板上和层板上的小百纳箱内。

3. 柜子下方放置了一个大行李箱和一些其他物品，占据了衣柜很大空间。

解决方案

1. 层板加减法：拆掉上方的两块层板，加1根挂衣杆，把所有当季家居服悬挂起来，将衣柜L形凹陷区规划为长衣区，把所有裙子挂起来，增加个人的幸福感和生活的仪式感。

2. 收纳工具加减法：增加2个抽屉、6个PP盒，用于收纳所有小衣物，根据季节、类别、使用频率将其分门别类地收纳起来，并且做好标记，实现一区域一类别，寻找和拿取都非常方便。

3. 收纳工具加减法：通过详细分类，找出很多不常穿的和不愿舍弃的衣物，用百纳箱统一收纳并贴上标签，不常用的放置在顶部的储物区，常用的放置在长衣区下方的空白区。

空间折叠术

● 将所有家居服、小件衣物、漂亮裙子和纪念物品收纳等功能折叠进卧室区域。

凌乱原因

1. 格局不合理，A面是两单元的悬挂区，B面为两层层板区，在错误的格局做无用的收纳，导致AB面只能放置大件的行李箱和其他大箱子，使整个衣帽间的储物空间利用率很低。

2. 因为鞋太多，于是买了很多透明鞋盒收纳，每次拿鞋都面临着搬运的工作和整面"鞋墙"坍塌的风险。

3. 因为储物空间不合理，所有包无处可放，只能全部放置在衣帽间的地上或者挂在门上的挂钩上，出现了一种无法踏入衣帽间的感觉。

解决方案

1. 层板加减法：在A面的右边单元增加4块层板，并且根据包的高度调节层板的高度，这一单元设计为包区，把所有包都陈列出来，常用的直接摆放，不常用的用防尘袋收纳好摆放在层板上。

2. 层板加减法：把B面规划为鞋区，增加7块层板，根据鞋的高度调整好层板的高度，同时因为柜子深度为50厘米，所以使用交叉法进行摆放，这样不仅把之前"鞋墙"的鞋全部陈列出来，还可以把新买的和鞋柜里不常穿的鞋摆放出来，打造出一个"鞋柜"。

3. 收纳用品加减法：在空白区添加PP盒，把所有丝巾、腰带等配饰集中放在衣帽间。

4. 贵重衣物统一悬挂，如丝质的衣物、皮草、皮衣等。

空间折叠术

● 将所有包、鞋、丝巾、贵重衣物类的收纳功能折叠进衣帽间。

经过这样的改造，爱美奶奶拥有了自己想要的"三大美丽衣橱"。

常用衣橱：每天只要打开衣柜就可以轻松找到想要的那件衣服。

美裙衣橱：它们的美毫无保留地被呈现出来，每次打开衣柜就可以遨游在这美美的裙子海洋中。

鞋、包衣帽间：所见即所期，看到的每件物品都是自己所喜欢、所期望的，这就是幸福。

整理师来了

回馈自己的最好方式就是好好生活，
而整理家就是好好生活的一种方式！

颜 凤

留存道整理学院长沙分院副院长

IAPO 国际整理师协会理事

为近 150 户家庭提供了整理服务

各知名企业特邀整理讲师

　　颜凤学习整理的最初目的是整理好自己的家，长期出差在外的她，想通过系统学习，整理好因工作忙碌而忽略的家，直到她体验到整理带给她女儿的变化。当时颜凤按照儿童整理的原则，选择了一个足够大的区域，将其规划为女儿的儿童区。没想到自从女儿有了专属的玩具区之后，家里每个地方都是玩具的现象逐渐改善，后来女儿不仅不再满屋子乱放玩具，还学会了自己整理玩具区。女儿逐渐形成的边界感让她坚定了从事整理师这个职业的信心。她希望可以带给其他家庭这种理念，让每个家庭成员能够养成良好的收纳习惯。

我有 3000 多件
衣服，但常穿的只有十几件

K 女士住在一幢三层别墅里，先生常年工作繁忙，两个可爱女儿的日常生活就全靠三个阿姨帮忙照顾了。但家事的繁重、孩子们的饮食起居消耗了阿姨们的全部精力，因此 K 女士和她先生的生活细节就没有被照顾得很好，导致衣帽间之类的区域常年凌乱。而 K 女士最大的需求就是将衣帽间收纳整理干净。

因为她说：

"我有 3000 多件衣服，但我常穿的就十几件。"

"没拆吊牌的衣服有几百件。"

"我家哪儿哪儿都乱，搞得我每天心情都不好。"

"我自己不会整理就算了，我不想我的女儿们将来也这样。"

......

案例来了

房屋面积
800 平方米

户型
三层别墅

家庭成员
夫妻二人、两个女儿和三个阿姨

改造区域
衣帽间、儿童区、储物间

衣帽间

K 女士是一个投资人，也是中国医疗协会代表，负责中瑞两国之间的医疗器械推广及技术交流，常常奔波于中国和瑞士两个国家。商务谈判也是家常便饭。可是看她分享的工作照片不难发现，出镜的衣服就那么几套，无法联想到这是一个有 20 平方米衣帽间的女士。究其原因，找不到更适合的服饰主要是衣帽间格局不合理，衣服越堆越多，喜欢的、想穿的衣服被压在衣服堆里。改造时，需要调整衣帽间的格局，通过增加衣杆和拆掉层板的方式增加 4 个短衣区和 2 个长衣区。

凌乱原因

1. 储物空间格局不合理，没有长衣区，长裙都堆在短衣区。
2. 层板多，叠放的衣服较多，一翻就乱，很难维护。

3. 衣物分区混乱，常常找不到衣服。

4. 衣服没有做换季处理，长期挤压导致质感较好的冬衣受损。

解决方案

1. 柜体加减法：增加一组五斗柜，原来塞在各个角落里的袜子和丝巾都叠放整齐放进五斗柜抽屉里。

2. 层板加减法：拆掉多余的层板，改造为长衣区。

3. 收纳用品加减法：换掉原来的鸡肋收纳用品，如透明鞋盒、袜子分隔盒，用百纳箱收纳换季衣物，并且分类收纳，防尘且方便换季。

50多件白色T恤整齐有序地排列着

空间折叠术

● 将当季衣服悬挂、换季衣物收纳、鞋收纳、行李箱、次净衣区5个功能折叠进衣帽间。

整理前

整理后

整理前

整理后

儿童区

游戏房是两个孩子经常待的地方，空间的格局会影响孩子的格局，既然希望孩子们在这里健康快乐地成长，就需要对空间进行改造。除了游戏区的功能不变，还需要规划出阅读区和绘画区，增加这个空间的功能性。

凌乱原因

1. 玩具太多，储物空间不够，玩具常常随地乱放。
2. 没有为孩子规划系统的收纳区域，也没有对玩具进行分类，孩子找不到玩具就会乱翻。
3. 父母工作忙，家里的阿姨对孩子的教育引导不够，孩子的秩序感和规则意识较弱，在日常生活中做不到对物品的归位。

解决方案

1. 柜体加减法：增加玩具收纳柜，将堆放在地面的玩具分类放进新的收纳柜。
2. 收纳用品加减法：体积较小、数量较多的套系玩具用自封袋统一收纳，同类别的玩具用收纳筐收纳。
3. 带着孩子一起整理，尊重孩子的同时，能够帮他们建立秩序感，有助于孩子们日后自己维护空间，从而建立一定的规则意识。
4. 对飘窗功能进行改造，增加储物空间。

空间折叠术

● 将儿童阅读区和绘画区两个功能折叠进儿童房区域。

整理前

整理后

储物间

这个房间原本是一个车库，入住时被改成了储物间。阿姨们平时用的物品、工具和夫妻二人的日常囤货都堆积在这里，而且 K 女士刚刚把瑞士家里的物品海运回国，空间严重不足。

凌乱原因

1. 常年未清理打扫，东西越堆越多。储物空间不合理，很多物品堆放在柜子里。
2. 分类不清晰，东西常常找不到。对储物间的功能认识不清晰，认为储物间就应该堆放所有无处安放的物品。

解决方案

1. 柜体加减法：原来不合适的或破损的家具做二手寄卖，增加新的、更适合家里物品类别和数量的置物架。
2. 收纳用品加减法：储物间里物品种类较多，零食、厨具、小家电、粮油、运动用品多，用收纳用品对它们分类收纳，方便寻找。
3. 功能分区，每个墙面的储物柜划分功能区，如小家电区、零食区、运动区。

整理师来了

整理师，
是天使在人间的快捷方式！

蔡 蔡

留存道整理学院北京分院副院长

IAPO 国际整理师协会会员

新浪家居认证讲师

曾为企业高管、明星、导演提供
专属整理服务

各知名企业特邀整理讲师

蔡蔡德国留学回国后，就进了国企做人力资源工作，但这三年的经历并不快乐，她觉得自己成了一个不能展现任何优势并且随时会被替代的工具人。之后的意外怀孕让她做了三年全职妈妈，在这段时间里，她越来越意识到整洁、舒适的环境对孩子的成长和性格培养有多重要。于是她开始接触整理，成了一名整理师。在此以后最大的改变是自我成长，增加了面对社会的勇气。三年全职妈妈的经历让她害怕跟陌生人接触，步入社会有些胆怯，生怕别人把她定义为一个 30 岁的"孩子"。但现在的她，不仅要管理团队，商务洽谈、节目采访、百人授课也成了常态。作为整理师，她理想中的家是井井有条的、舒适的，孩子们可以在这个环境里健康地成长，先生能花更多时间去关注自己的太太开不开心，而不是不停地追问另一只袜子去哪儿了。

还原别墅
应有的样子

娇姐的生活品质并不低，而且家里有一位高学历阿姨。虽然阿姨也会一些收纳技巧，但并不是很专业，还是会出现找不到东西的问题。家里的柜体内部格局不合理，导致东西放不下而到处乱塞，每天都在找东西的"路上"。娇姐是做餐饮行业的，家里有很多餐饮设备，囤货的箱子摆在那里，显得格外"嚣张"，而且与生活上的物品分类不明确。孩子的外公、外婆因为工作原因经常出差，行李箱有 10 个以上，家里每个地方都能看到行李箱的身影。因为物品没有固定的位置，所以箱子只能"到处乱跑"，这样每次出差都需要到处找东西，忘带东西也是常有的事。

案例来了

房屋面积
500 平方米

户型
别墅

家庭成员
一家五口和一位阿姨

改造区域
全屋

儿童卧室衣柜

凌乱原因

1. 儿童房的衣柜应该放置儿童衣物，但是娇姐家的儿童衣柜不仅有大人的衣服和棉被，还有行李箱。
2. 衣柜内部空间不合理，导致孩子的衣服都被叠了起来，因为孩子的衣服比较小，叠起来会变得更小，拿取非常不便。

解决方案

1. 清空不属于这个空间的物品，儿童房的衣柜应该只放儿童的衣物。
2. 层板加减法＋配件加减法：拆掉衣柜左侧上方层板和下方层板，加3个挂衣杆，全部改成挂衣区，将宝宝衣服陈列出来，不仅容易找还方便拿取。衣柜右侧上方层板下移，方便拿取一些常用的东西，挂衣杆上移，可以挂一些宝宝的长衣服。
3. 收纳用品加减法：利用抽屉PP盒将宝宝的袜子、内裤等小件物品折叠收纳起来。

空间折叠术

● 将孩子的衣服、贴身小件物品、日常用品等收纳功能折叠进儿童房的衣柜区域。

儿童衣柜整理前

儿童衣柜整理后

细节图

儿童房
玩具柜

凌乱原因

1. 没有给玩具足够的仪式感，全都散落在外，而且因为玩具没有得到家长的重视，孩子也随用随扔。
2. 没有利用空间来控制孩子的购买欲，导致玩具越来越多。
3. 用箱子收纳玩具，导致玩具都堆叠在一起。

解决方案

1. 柜体加减法：增加玩具柜，将玩具都收入柜体里，赋予玩具一定的仪式感。
2. 利用柜子的空间来控制的孩子的购买欲望。
3. 收纳用品加减法：利用小收纳篮放小玩具，方便找且不易乱。

空间折叠术

● 将孩子的睡眠和玩具收纳等功能折叠进儿童房里。

儿童房整理前

儿童房整理后

凌乱原因

1. 上层放置包的区域，空间利用不合理，造成上方空间浪费，放不下的包都堆在下层衣柜的层板上。

2. 下方层板过多，导致只能将衣服叠起来，既不好找也容易翻乱。

3. 衣帽间有一个裤架，只能挂8条裤子，造成空间浪费。

4. 地上堆满了鞋、行李箱、购物袋等杂物。

解决方案

1. 清空衣帽间里的所有物品，对其进行细致分类。

2. 层板加减法＋配件加减法：上方增加层板，使放置包的空间扩容50%，下方改造成挂衣区，层板和裤架拆掉后增加3个挂衣区，这样所有衣服都可以陈列出来，想穿哪件可以立刻找到。

空间折叠术

● 将衣物、衣物的配饰、包、包的配件等有关物品的收纳功能折叠进衣帽间。

凌乱原因

1. 鞋柜的层板间距规划不合理，放平底鞋会造成上方空间浪费，放长筒靴又放不进去。

2. 鞋柜内部的空间浪费造成鞋无法全部放下，利用错误的收纳用品——"鞋盒"做无用的收纳。

解决方案

1. 层板加减法：调整鞋柜的层板间距，缩短平底鞋的层板间距，增加高筒靴的层板间距，加了10块层板。

2. 柜体加减法：将原来的鞋盒撤掉，增加一个鞋柜。原来的鞋盒只能收纳14双鞋，改造后可以收纳36双鞋。

鞋柜整理前

鞋柜整理后

玄关

凌乱原因

1. 玄关内部空间利用不合理，内部层板过少，放不下什么物品。
2. 鞋盒占据空间造成浪费，且不方便拿取。

解决方案

1. 玄关依旧放鞋，拆掉原来的所有层板，增加8块层板。
2. 将玄关出门用品放入右侧矮柜里。

空间折叠术

● 将常穿常用的鞋、出门需要携带的口罩等防护用品的收纳功能折叠进玄关区域。

玄关整理前

玄关整理后

厨房

凌乱原因

1. 厨房大部分物品都是用塑料袋套塑料袋的方式收纳的，经常找不到物品。

2. 电器过多，并且摆放的位置不合理。

3. 食品没有密封储存，容易被污染。

解决方案

1. 利用收纳用品将物品分类，食品密封储存，保证食品安全。

2. 电器重新摆放，重物向下移。

3. 根据厨房使用者习惯，更改物品摆放位置。

空间折叠术

● 将厨房用品、食品、锅具等物品的收纳功能折叠进厨房区域。

厨房整理前

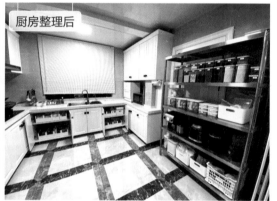

厨房整理后

　　经过细致的整理，可以从根本上解决所有收纳问题。别墅终于有了别墅的样子。打开衣柜，属于自己的衣服整洁有序地排列在那里，随时能快速搭配好自己想穿的衣服。在卫生间洗漱完毕，可以很快找到自己要用的护肤品、化妆品，化好妆美美地出门。坐在书房，可以静心读几本书，补充一下知识。在厨房，做一些美味佳肴，一家人可以一起舒服地吃顿饭。让物品有属于它的固定位置，无论是生活还是工作都会得心应手。特别在工作上可以事半功倍，这就是收纳整理的魔法。

整理师来了

整理是探寻美的过程，
是发现自我的必经之路！

韩 兴

留存道整理学院沈阳分院副院长

IAPO 国际整理师协会理事

资深空间规划师

高级衣橱管理师

新浪家居认证整理讲师

留存道东北地区首席男整理师

韩兴做整理师之前一直从事网络运营工作，这个工作既可以接触到许多新行业，也可以了解众多网友的需求，让他具备了一定的市场洞察力和沟通力，给予整理事业很大帮助。韩兴对于整理的学习和认识越多，就越发现整理并不是"强迫症""处女座"，也不是简单的"扔扔扔"，而是通过整理逐渐改变自己的居住环境、生活态度，重塑自己的品质生活。只有了解自己最深层的需求，才能对物品、空间有更主动地把握与调配权，不再纠结"我想要什么"，而是考虑"我需要什么"。这种状态如果能长久保持，你会发现整个人都会活得轻松，同时对于社会来说，也能节省更多资源，减少浪费。

用完美
效果回击质疑

　　一个幸福的四口之家住在 300 平方米的两层别墅里，拥有五室三厅三卫，装修豪华，配备着红木家具。女主曼妮非常热爱生活，每天坚持晨跑，会给先生和孩子们制作各种美食，陪孩子们练习乐器、读书。曼妮喜欢穿搭，所以衣服、鞋、饰品非常多，虽然有自己的衣帽间，但仍然会占用其他房间的衣柜。儿子喜爱读书，但没有属于自己的书柜，书桌上堆满了玩具、学习用品和书籍，女儿的玩具遍布每个房间、每个角落。

　　曼妮爱囤积物品，快递不断，所有物品都整包购买，收到就随便一塞，时间久了又找不到，然后重复购买，各类新旧物品一应俱全，没拆包的物品多到数不清，堆积在一起，完全没有分类。

　　曼妮的衣帽间很大，每一个衣柜拉手上都系了一根黄色的绳子，不知情的人还以为有什么特别的寓意，其实是为了防止柜门被过多的衣服撑开，专门用绳子固定住。整理时她自己也吓了一跳，衣服实在太多了，同样款式、同样颜色的衣服有好多，她一边挑选，一边送人，找来自己的姐妹们，一车一车地往外拉。过期的化妆品、药品多到用大百纳箱装了满满两箱。

案例来了

房屋面积
300 平方米

户型
两层别墅

家庭成员
一家四口（夫妻二人、
12 岁的儿子和 7 岁的
女儿，女方父母偶尔
来住）

改造区域
全屋

衣帽间

凌乱原因

1. 衣服、包、饰品、鞋数量过多，柜子不够用。

2. 层板高度不合理，大的放不下，小的会造成空间浪费，没有长衣区。

3. 梳妆台在楼上的卧室，衣帽间在楼下，化妆和穿衣动线太长，使用起来不方便。

4. 没有放置内衣等小件物品的抽屉。

解决方案

1. 柜体加减法：增加鞋柜、衣柜、梳妆台，补充原有衣柜缺少的长衣区、抽屉区，根据鞋的高度，设计高度合理的层板，将空间利用最大化。

2. 层板加减法＋配件加减法：将柜子里所有物品清理出来，根据衣物长度调整挂衣杆位置，拆掉5块层板、1块中立板，将层板区改为上下挂衣区，增加2根挂衣杆。将靠近鞋柜的衣柜改为放置包和帽的层板柜，根据物品尺寸增加5块层板。

3. 做好分区：给先生预留两组衣柜即可，将女主的衬衣、毛衣、裤子、裙子、大衣等分类悬挂在剩余柜门内。

4. 收纳用品加减法：所有小件内衣、内裤、袜子分隔放置，用抽屉分隔盒收纳，保证卫生。换季类衣物收在百纳箱里，放在柜顶上。

空间折叠术

● 将夫妻衣物、鞋的收纳以及梳妆台全部物品折叠进衣帽间。

整理后的衣帽间

---- 细节图 ----

　　通过合理规划，衣柜空间进行了扩容，衣服全部展示出来，这样曼妮会发现自己重复购买了不少同款衣服，花了不少冤枉钱。其实整理的过程也是认识自己的过程，从中可以看到自己的一些不太好的生活习惯、消费习惯，从而了解自己存在哪些不合理的需求，并最终达到合理消费、养成良好生活习惯的目的。整理后将衣服全部挂起来，展示在眼前，并且分类排序摆放，这样易拿易放，永不复乱，并且有了自己的梳妆台就再也不用楼上楼下地跑来跑去了，可以"一站式"搞定化妆、搭配等问题。通过整理收纳，家终于有了家的样子，心情也变得不一样。整理空间也是在整理自己的生活和内心！

**儿子
卧室**

凌乱原因

1. 儿子卧室中的衣柜没有顶柜，无法存放换季衣物和床品，挂衣区少。

2. 书太多，没有合理放置。

3. 物品没有分类。

解决方案

1. 柜体加减法：重新定制衣柜、书桌以及独立的书柜。

2. 预留常用书籍、书包、打印机、文具等收纳区域，增加顶柜换季收纳区域，设计长衣区、短衣区、内衣抽屉区。

3. 收纳用品加减法：用衣架、百纳箱、抽屉分隔盒将儿子的衣物分类收纳，用桌面文具收纳盒将零散的文具分类收纳。

空间折叠术

● 将儿子的物品全部放到儿子的卧室里，玩具等物品则折叠进客房玩具柜，让孩子能在自己的卧室安心学习。

整理前

整理后

　　虽然在整理的过程中，受到很多阻力，比如亲友不太赞同，也并不认可这种方式，但看到最终的成果后，总能让他们改变态度来支持你。也许从细节中让自己的家里里外外焕然一新，就是对家人负责的一种方式。整洁的环境不仅可以减少争吵，增进感情，而且有利于培养孩子的秩序感。不将就的生活态度，值得我们每一个家庭拥有。

整理师来了

用更适合中国人的整理理念、改变一代中国家庭的生活方式。

康璐璐

留存道整理学院张家口分院合伙人

IAPO 国际整理师协会理事

新浪家居认证讲师

空间规划设计师

高级衣橱管理师

曾为数百个家庭近 2000 平方米的衣橱做过空间规划与整理服务

康璐璐原本是做软装设计与全屋定制家具设计工作的，她一直想超越设计理念，在追求设计风格的基础上，让每个房子的主人真正感受到空间的合理与实用。整理师与设计师的结合，使得她真正做到了完美设计。她通常会根据家庭居住人数、年龄和客户的意愿来确定房子里的功能区域，再根据客户家的物品种类、数量及尺寸来设计充足的收纳空间以及柜体内部格局，达到不浪费一寸空间、方便物品存放和使用的目标，让客户所有物品都能一眼看到，永不复乱。作为整理师，她认为家应该是温馨的、放松的，家是一个人劳累了一天之后最想休息的地方。在自己喜欢的装修风格下，坐在温暖舒适的沙发上，喝咖啡、看书、追剧、陪家人聊天是最温馨的状态。

四层别墅的

儿童房终于告别凌乱

　　马小姐家很大，是一个独栋四层别墅，而且家里有两个阿姨在帮忙处理日常事务。虽然看起来比一般的家庭整洁一些，但还是会出现复乱需要不停收拾的现象。尤其是儿童房，因为家里有三个小朋友，衣服多、书多、玩具多，且一个儿童房兼顾了生活区、玩耍区和阅读区的功能，凌乱的问题比较严重。很多人觉得家里已经有两个阿姨在帮忙了，不至于整理不好，但阿姨有她自己的事情要忙，如果全身心投入到整理的事情中，就意味着她无法兼顾家庭中原本要完成的事情，譬如做饭、接孩子、遛狗等。这个时候就需要把混乱的空间一点点区分开来，让每一个孩子拥有自己的独立空间。

案例来了

房屋面积
300 平方米

户型
四层别墅

家庭成员
夫妻二人，外公外婆，
孩子三人，阿姨两人

改造区域
儿童房

凌乱原因

1. 书籍没有根据类别来分，比如英文书和中文书，百科书和故事书，课外书和学校指定阅读书，都可以进行分类；也没有按照孩子的年龄调整书籍的放置位置。
2. 衣柜空间不合理，只有4个挂衣区，没有抽屉。由于三个孩子有很多同款衣服，叠好之后根本没法判断是谁的，导致经常花时间去找衣服。
3. 没有玩具柜，所有玩具集中在一个角落放置，孩子要找玩具只能通过翻找的形式。

解决方案

1. 根据儿童房的结构重新调整三大区域的位置，分别是生活区（衣柜）、阅读区和玩具区。
2. 衣柜虽小，但还是应该根据一人一空间的原则，把三个孩子的当季衣服做明显分区。
3. 柜体加减法＋收纳用品加减法：增加的玩具柜，可以根据玩具的类别分别归入隐藏区和陈列区，在隐藏区增加收纳用品，确保每个类别的物品在同一位置。
4. 根据孩子的阅读习惯，对书籍进行分类，并确定书籍的摆放位置。

生活区
（衣柜）

配件加减法：对衣柜进行改造，给三个孩子规划属于他们自己的区域，增加挂衣区和抽屉区，这样可以培养孩子自己挑选衣服的独立性。此外，在透明收纳盒上贴上便利贴，写上名字和收纳的物品，这样就不会搞混，也不会出现找不到的现象。

阅读区和
玩具区

　　根据孩子对应的年龄层，把幼儿书籍放在最下层，其他书籍按科普类、故事类、中外名著类分别放置在不同的层板上。

柜体加减法：增加玩具收纳柜，把玩具和学习用品进行分类，可分为益智类、情景类、车子类、积木类、手工类、仿真动物类等，整理完毕后再调整一下陈列区。

　　儿童房的整理需要注意的是重新进行区域划分，然后根据各区域的功能对物品进行调整。通过规划和分类，匹配孩子们的生活动线。另外，马小姐家的阿姨都用英文交流，在相应区域附上中英文双语标签，这样能够帮助她们更清晰地知道每个区域的物品类别，做好日常的归位和维护。

　　一个好的儿童房不仅可以发展孩子的兴趣爱好，为孩子的学习成长提供优良的环境，还能引导孩子学会管理自己的空间，对于日后学习效率的提高有极大的影响和帮助。

整理师来了

家是充满爱和温暖的港湾，也是每个人能量的来源。

王璐璐

留存道整理学院广州分院副院长

IAPO 国际整理师协会理事

曾接受网易直播采访报道

受邀在多家名企开展高端沙龙活动

王璐璐拥有一个资深整理团队，为广州、香港、佛山、清远等上千家客户开展过整理和搬家服务，有非常丰富的上门整理经验，能快速准确地指出客户现有收纳空间的问题，并提供有效的解决方案。王璐璐做整理师之前从事过网络广告方面的工作。选择做一名整理师是因为自己平常喜欢整理，觉得整理就是生活的一部分。成为整理师的她，在正确理解了空间和物品的关系后，降低了购买欲望。她认为整理是家庭中不可或缺的一部分，是链接外在和内在的一座桥梁，整理能够帮助家庭建立良好的生活环境，让家庭成员感受到家的温暖，同时能使下一代培养良好的生活习惯。当你看到一个家井井有条、干干净净时，就能感受到主人对家的爱和用心，自然这个家也能传递出爱的能量。

花絮章

知名博主的整理案例

SIDELIGHTS

当整理师来敲门
改变 45 个家庭的整理故事

收纳后，

有了一种活下去的勇气

案例来了

博主
蔡尹珊珊

标签
中戏教师、80 后代表
作家

改造范围
客厅、衣柜、鞋柜、卫
生间、儿童房、储物柜

整理师团队
留存道总部

空间诊断

知名博主蔡尹珊珊搬家后发现两个家的户型和收纳空间差别很大，连装修风格也不一样，用她的话说，"看着丑陋的家，我日益绝望。"东西太多，又没有时间，只好请专业的整理师来帮忙，整理一团混乱的新家。

1. 换掉弯了的衣杆，拆掉不适合的层板，再给储物柜增加隔板，改造只为了创造最合理的收纳空间格局。

2. 家里乱七八糟的衣架都换成超薄植绒衣架，衣柜上方的层板下移，这样狭长幽深的储物空间就扩大为可以放置两个百纳箱的空间，用来存放换季衣物。

改造方案

3. 添置一个儿童衣柜，把孩子的衣服全挂出来后发现原来有这么多。帽子和围巾也都整整齐齐地放进抽屉，帽子的球球露在外面，简直太萌了！

4. 储物柜的层板间距太大，存放靠"堆"，找东西靠"翻"。给柜子里增加层板，极大地提高了空间利用率，不仅用收纳筐把物品分类放好，还腾出了上半部分的空间放包。

搬家整理

也可以很简单

案例来了

标签
著名主持人

改造范围
搬家整理

空间问题
衣物、鞋、配饰量多

整理师团队
丸子

因为是搬家整理，需要先到旧居进行诊断，经过需求沟通及专业度判断，来到新家确定全屋空间及物品的匹配程度，精准测量，看需要增设哪些家具。诊断时发现难点是衣物总量多，配饰多，摆件、零食和护肤品总量也较多。于是结合新家原有的柜体空间及活动动线增加了 40 块层板，这样就放下了所有的鞋及囤货。对于衣物区域，也大刀阔斧地改造了原来的柜体结构，拆掉裤架、拉篮等不实用的配件。随后扩容衣物收纳空间，容纳所有衣物、配饰等。进行了合理的规划后，家里就不会复乱了。

收纳 ——————
也是一种艺术

案例来了

博主
郭姐哒

标签
时尚博主、衣物多
夫妻二人

改造范围
衣柜、厨房

整理师团队
留存道总部

空间诊断

郭姐家就住着夫妻二人，但由于"时尚博主"这个职业比较特殊，家里的衣服非常多。第一次去郭姐家是刚刚搬完家，家里的物品全部没有分类，衣服、鞋、包混放着。衣柜空间是最难改造的，衣服量很大，最主要的问题就是空间利用不合理，上方的储物空间全部浪费，下方的挂衣区又被塞得满满的。衣服没有换季之分，春夏秋冬的衣服全部堆在一起。

改造方案

将衣柜空间彻底改造，根据空间布局、物品数量、使用习惯等进行合理规划，把多余的层板拆掉改成挂衣杆，将衣柜划分为储物区、展示区（长短衣区）及抽屉区，并预留未来的储物空间。

定做专属鞋柜，将家里的展示柜改造成包柜，把当季衣服全部挂起来，换季衣服收进百纳箱，放在储物区，给家里的每一件物品都找到属于它们自己的空间，使用时可以迅速找到。

释放空间，
打造一个能"装"的家

案例来了

博主
原来是西门大嫂（后
面简称"大嫂"）

标签
微博 vlogger、时尚
达人、美妆播主，
坐拥上千万粉丝

改造范围
全屋整理

整理师团队
留存道总部

空间诊断

大嫂家一共住着两个人一只宠物，所有的生活用品把家里塞得满满的。大嫂
绝对是个能"装"的女人，3米的衣柜塞了近800件衣物，家中的包和鞋全部
堆放在一个架子上，临时想用其中一件衣服、鞋或者包进行搭配时，需要翻
个底朝天才行。

改造方案

家中物品品类齐全，覆盖面广，堪称小型博物馆，所有物品已经达到最饱和的
状态了。由于空间利用不合理，家里很多物品在需要使用时无法及时找到。因
此改造的关键是重新进行空间规划。考虑大嫂职业的特殊性，优先对大嫂的衣
帽间进行改造，保证现有物品能够一眼看到，方便寻找，并预留足够的储物空
间，于是增加一个近 8 米的衣柜和一个岛台斗柜，提升 50% 空间利用率，让
大嫂可以继续尽情地买买买！

收纳

可以带来幸福

案例来了

博主
潇洒姐

标签
畅销书作家、女企业家、博主

改造范围
卧室、厨房、客厅、玄关、洗手间、书房

整理师团队
丸子

空间诊断

一家三口和一只萌宠住在一起，家里物品量多，由于早期柜体设计存在问题，储物空间严重不足。

改造方案

衣柜的柜体设计不合理，层板较多，导致基本没有挂衣区，所有物品堆叠放置，出现重复收纳浪费时间的问题，因此需要改造柜体，增加挂衣区，使一家三口各自的分区更清晰，且衣物拿取更方便。潇洒姐回到家，打开抽屉看到美妆工具的收纳时超级开心，瞬间感受到了收纳带来的幸福感。

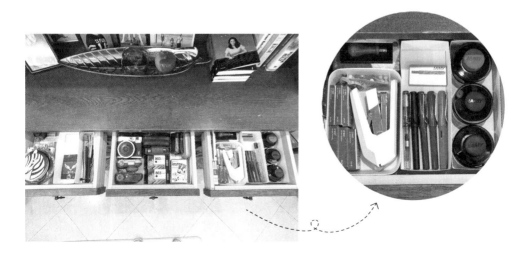

收纳
是生活幸福的"拔高器"

案例来了

博主
燕子 PHOTO

标签
摄影博主、博主中最擅长收纳的、两口之家和两只猫

改造范围
全屋

整理师团队
留存道总部

空间诊断

燕子是一名摄影博主,工作非常专业,但生活中的燕子更像一个邻家小女孩,爱做美食、爱喝酒、爱整理,还有一个宠着她的男朋友和两只黏人的猫咪。燕子家里的物品规划有序,看得出每一个空间都有整理痕迹,唯一需要做的就是重新规划衣帽间,解决未来新增物品的收纳问题。

改造方案

衣帽间的规划最重要。因为燕子崇尚极简风格,所以现有衣柜满足不了衣服的收纳需求,添加一组 3 米多的衣柜和一组五斗柜,再把衣柜里面不合理的空间进行改造,把两人的衣服分开存放,让家里每个角落都充满温馨气息。

不复乱
就是这么容易

案例来了

博主
杨梦晶

标签
时尚博主、衣服超多、
定制家具不太合理

改造范围
衣柜、鞋柜、包柜

整理师团队
杰子

空间诊断

杨梦晶的衣帽间是设计师定制的，但是刚住一年，就发现很多问题。例如，衣柜中原本设计了很多格子和层板，目的是把衣服分门别类地叠好。但实际上叠好的衣服只要抽一件就全乱了！鞋和包的区域也因没有很好的规划而越来越乱。

- -

改造方案

拆掉衣柜无用的层板，装上衣杆，原有的衣杆调整到合适高度，这样就可以将衣服全部挂起来。牛仔裤叠放在原来的格子里，但因为重新分类和专业的叠法，识别起来更容易。包的区域进行层板改造，提高空间利用率。家居服和配饰放置在岛台的抽屉里，男女分开，再亲密也要保持一定的边界感。一个月后，再来看她的衣帽间，会不会出现乱的状态呢？答案是没有。不仅挂起来的衣服方便拿取、方便复位，就连抽屉里的衣服都叠得整整齐齐。不复乱就是这么容易。

改造

是一次彻底的收纳整理

墨菲班长的家在整理前就已经很漂亮了，和她镜头里出现的家一模一样。墨菲说，虽然我可以拍出很多好看的美食照片，而且家中某个角落看着也不错，但是总觉得整个家的结构和装饰不是很完美，总觉得哪里缺少点内容，没有达到要求，于是想做一次彻底地整理收纳。

案例来了

博主
墨菲班长

标签
美食博主、审美品位高、厨房物品超多

整理区域
全屋，重点区域是衣柜、储物间、厨房、书房

房屋结构
四室两厅两卫一厨

家庭成员
一家三口和一位阿姨

1. 房子是十多年前装修的，早期的装修设计已经不能满足当下生活的需求，如衣柜高度低于标准高度，衣柜内层板多、挂衣区少，且每个衣柜都很小，分散在三个房间。厨房柜体的层板间距过大，转角利用不充分，各种盘子、杯子、烘焙原料、烘焙工具、烤箱、咖啡机等都需要合理的收纳及展示。

2. 属于孩子的独立空间需要重点改造。儿童房间应该重新规划设计，增添衣柜、书柜，2米的衣柜装下了孩子一年四季的衣物、床品和配饰。两个小书柜安排在书桌的旁边，方便孩子拿取，按照绘本、课本、课外兴趣读物、中英文等标准对书籍进行分类收纳。剩余的空格利用儿童收纳筐分类收纳生活用品、常用的外用药品、头饰发带、手工制作等物品。整齐美观易找的同时，也满足了孩子当下的需求。

3. 两个储物间重新规划功能，其中之一打造成日常生活用品囤货区，另外一个规划为杂物收纳区。

4. 书房重新定制上墙书柜，并且更换新地毯，整理好后，进书房的意愿都比以前强烈了。

时尚博主的
衣帽间大改造

　　管阿姨是一位知名时尚美妆博主，有自己的淘宝店，经常需要出席一些活动，所以她的衣帽间超级大，衣物量也很多，还有各种配饰，堪比一家买手店。管阿姨是热爱生活的人，衣帽间前后改造了几次，基本把能用的空间都利用了。可是一次活动前，她想穿的礼服怎么也找不到，于是决定再提高一下衣帽间的空间利用率。

　　其实，空间规划是做收纳的第一步，也是最重要的一步，空间规划一定要从主人的使用习惯和需求出发。管阿姨作为时尚美妆博主，服装款式很多，对搭配的要求也比较高。这在空间改造上有两个难点，一个是让这些服装陈列一目了然，取用方便，便于维护，另一个是整个空间的使用已经最大化，如何通过规划重构空间。解决方案：一是采用颜色分类法，在一个色系中再按长短款式等细分；二是在现有空间里，对空间进行微调整，比如给鞋柜增加层板来扩容，增加专用首饰柜收纳首饰。并且改变收纳方式，比如帽子用悬挂方式取代层板摆放方式。

案例来了

博主
管阿姨

标签
时尚美妆视频博主、知名时尚博主、摄影师

改造范围
60 平方米超大衣帽间

整理师团队
一米、巫小敏

一个更加
美好的异想世界

　　29平方米的衣帽间似乎并不小，但是想要容纳1000多件衣服、200多双鞋、100多个包以及无数个小件衣物和饰品，绝对不是个轻松的事。况且还有很多收纳方面的问题，衣架太厚，挂不下所有衣服；很多衣服只能叠起来塞在层板区，放和拿都很艰难；裤子堆叠在一起，一拿就乱；收纳盒与抽屉尺寸不匹配，等等。如何在同样的空间将所有物品收纳进去是个技术活。几乎没有断舍离，只是将衣架换成超薄植绒的，就可以在相同的衣柜空间挂下更多衣服，裤子也都挂了起来；原来露在外面的毛衣收进百纳箱，不用再吸灰；拆掉抽屉里原来的格子，换用纸质分隔盒收纳小件衣物；定制的饰品盒不但让抽屉空间最大化利用，而且呈现出一个精美首饰展柜的样子，甚至还空出了好几个抽屉。

　　整理可以让糟糕的生活焕然一新，也能让原本美好的生活更加美好！

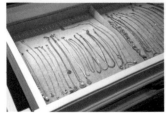